编委会

主　编　金海胜

副主编　江兴南　金芳义
　　　　孙鸣宇　袁文喜（按姓氏音序排列）

成　员　陈锦标　葛国昌　宫宝军　桂延德
　　　　倪宇涛　施立军　王狄青　吴晓翔
　　　　武永斌　谢　龙　徐向明　张鲁刚
　　　　张石彦　张守楠　周昌臣　朱　涵
　　　　（按姓氏音序排列）

温州市瓯飞

一期围垦工程（北片）施工技术汇编

金海胜　主编

ZHEJIANG UNIVERSITY PRESS
浙江大学出版社
·杭州·

图书在版编目（CIP）数据

温州市瓯飞一期围垦工程（北片）施工技术汇编 /
金海胜主编. -- 杭州：浙江大学出版社, 2022.11
    ISBN 978-7-308-22278-5

    Ⅰ.①温… Ⅱ.①金… Ⅲ.①滩涂围垦—排灌工程—
温州 Ⅳ.①S277.4

中国版本图书馆CIP数据核字（2022）第005622号

温州市瓯飞一期围垦工程（北片）施工技术汇编
WENZHOUSHI OUFEI YIQI WEIKEN GONGCHENG（BEIPIAN）SHIGONG JISHU HUIBIAN
金海胜　主编

策划编辑	吴伟伟	
责任编辑	马一萍	
责任校对	陈逸行	
封面设计	周　灵	
出版发行	浙江大学出版社	
	（杭州市天目山路148号　　邮政编码310007）	
	（网址：http://www.zjupress.com）	
排　　版	杭州林智广告有限公司	
印　　刷	杭州宏雅印刷有限公司	
开　　本	787mm×1092mm　　1/16	
印　　张	13.25	
插　　页	6	
字　　数	235千	
版 印 次	2022年11月第1版　2022年11月第1次印刷	
书　　号	ISBN 978-7-308-22278-5	
定　　价	98.00元	

序

　　瓯飞，寓意温州腾飞，瓯飞一期围垦工程的开发愿景，就是立足于温州市海洋资源综合开发利用，进一步拓展城市发展空间。这一大型基础性民生工程秉持"科学围垦，生态围垦"的理念，不断推动着温州经济社会的可持续发展。

　　瓯飞工程规模大、堤线长，富有特色的由两座大型水闸融合组成排涝枢纽，深海筑堤、孤岛建闸，建设过程面临基软水深潮差大，风高浪急离岸远的地质情况及作业环境，有诸多需攻克的技术难题。

　　瓯飞一期围垦工程汇聚了省内外优秀的建设企业和优秀技术人员，他们为了同一个项目、同一个目标走到一起，高效协作，精益求精，持续创新，打造精品，化难点为亮点，最终获得了令人震撼的成果，先后获得中国建设工程鲁班奖、中国水利工程优质（大禹）奖和浙江省建设工程钱江杯（优质工程）。优秀的工程、难得的经验值得好好总结，瓯飞人总结了大量施工新技术和科技开发新成果。编写一本技术汇编是有必要的，既对建设沿海软土地基工程具有指导意义，又能传承与推广瓯飞工程的创优创新精神。

　　我很高兴参与了整个项目从前期审批到工程竣工验收的全过程，并欣然接受邀请，为本书作序，借此作为对全省水利行业同仁辛勤工作的感谢。

杨炯

浙江省水利厅副厅长

2022 年 10 月

前言

　　温州市瓯飞一期围垦工程（北片）是贯彻落实浙江省委"八八战略"、全面推进海洋经济开发建设的一项战略性工程，是一项集防洪、农业、渔业、生态、港口等于一体的多功能综合性工程，也是浙江省推进海洋资源综合开发的一项标志性工程。本工程位于温州瓯江口与瑞安飞云江之间的平直岸滩。工程包括 4.3 km 长的北堤、16.0 km 长的东堤、3.0 km 长的 2# 隔堤（为南北片界线），以及 2.4 km 长的 1# 隔堤、两座大型水闸和两座中型水闸。

　　温州市瓯飞一期围垦工程（北片）从 2010 年开始筹备，2013 年 7 月开工建设，2019 年 6 月完工，2020 年 6 月顺利竣工验收，概算投资 138.239 亿元。前期工作集全国各界专家之力量，集思广益、科学研判。相继有 26 所国内权威科研机构参与了咨询、研究和论证，参加的院士、专家、学者多达 530 人次，完成技术专题 70 余项。

　　瓯飞一期围垦工程（北片）在建设管理过程中始终坚持高标准、严要求、全方位、全领域把控工程建设进度、质量和安全。工程前期工作创下"全国单体面积最大""审批周期最短""前期工作最规范"等多项"全国之最"。工程在建设过程中以"创优夺杯""创建标准化工地"为抓手，确保工程质量优良率达 100%，是温州市首个获得中国建设工程鲁班奖（国家优质工程）的水利工程。工程还获得了水利部、浙江省等各级"文明标准化工地"称号和"大禹奖"、浙江省"钱江杯"、温州市"瓯江杯"等多项殊荣。依托本工程，项目部实现了技术创新和管理创新，累计获得省部级科学技术进步奖 8 项、国家级工法 2 个、省部级工法 9 个，QC 成果 34 项，发明专利 10 项，实用新型 32 项。

为了能够更好地总结工程建设经验，弘扬拼搏奋进的瓯飞建设精神，特编撰本书，对工程建设过程中的关键信息和技术创新等进行总结。本书共分为 7 章，第 1 章是项目概况，第 2 章介绍项目的自然条件，第 3 章阐述总体的施工组织方案，第 4 章介绍围堰施工过程，第 5 章是海堤工程施工技术，第 6 章是水闸工程施工技术，第 7 章介绍金属结构和启闭设备。

本书从拟题到落笔，历时 3 年多时间，前后有近 20 位专家和工程技术人员参与撰写工作。在此，感谢以下人员对本书所做的贡献（排名不分先后）：金海胜，金芳义，江兴南，袁文喜，孙鸣宇，吴晓翔，施立军，王狄青，宫宝军，张鲁刚，武永斌，桂延德，张石彦，陈锦标，倪宇涛，朱涵，葛国昌，梁荣祥。特别要向众多的工程建设者致敬，感谢你们的辛勤付出！

温州市瓯飞一期围垦工程（北片）的建设，汇集了众多单位的智慧和心血。参加本工程建设的主要单位如下。

主管单位：浙南产业集聚区农业农村和水利局

项目法人：温州市瓯飞经济开发投资有限公司

设计单位：浙江省水利水电设计院

监理单位：浙江水专工程建设监理有限公司

施工单位：中交第三航务工程局有限公司

浙江省围海建设集团股份有限公司

浙江省第一水电建设集团股份有限公司

浙江省正邦水电建设有限公司

浙江省水电建筑安装有限公司

本书旨在抛砖引玉，由于时间及能力所限，一定存在瑕疵，有待作者与广大读者共同雕琢完善。

金海胜

2022 年 5 月

目 录

1

项目概况

1.1 项目缘起

温州市地处浙闽交界地带，一面靠海，三面环山，素有"七山二水一分田"之说。土地资源紧缺导致城市发展空间受限，制约温州社会经济发展。

温州瓯飞河口海岸滩涂，位于温州东海岸以东、瓯江至飞云江之间区域，滩面的自然坡度为 3° ～ 10°，由西北向东南（海域）方向倾斜，坡度逐渐变陡，-10 ～ -2 m 等高线基本平行于温州东海岸。该区域海岸线平直，在淤泥质潮滩和海积平原之间筑有人工海塘。

根据有关记载，温州市所处海域的古海岸线不断向东推进。东晋时期（317—420 年）温州城内河网密布，沼泽连片。海塘历史资料显示，瑞安市在 1552—1795 年的 200 多年里，岸线向海域推进 2 km 之多，相当于每年推进 10 m。中华人民共和国成立后，该段海岸线更是不断向东海推进，特别是近些年人工促淤设施的建设，加快了海涂淤涨。据 1975—2005 年和 1991—2001 年的现代岸线遥感资料分析，海滩每年向外海延伸 20 ～ 30 m。

滩涂在人类活动的作用下淤积速度逐渐加快，主要是由于围涂工程实施后使近岸滩涂附近的潮流场、波浪场及泥沙场发生改变，表现为涨落潮流速降低，围堤的消浪作用使水动力条件减弱，形成有利于泥沙淤积的环境。飞云江河口丁山促淤围涂工程等实测资料表明，促淤工程实施后泥沙的淤积速度与自然条件下相比可提高 4 ～ 7 倍。

通过对 1989 年和 2004 年不同水位条件下瓯江口南、北两侧浅滩及灵昆岛前的温州浅滩上 9 个固定断面的数据资料进行分析，获得了 15 年间的演变情况：瓯江口门附近南北岸滩有不同程度的外推淤高；从平面形态上看，北部岸滩近年来一直处于较快的淤涨状态，而中部的灵昆岛前温州浅滩淤积速度最快，南部岸滩多处于微淤或冲淤平衡状态（岸线变化大、滩地变化小）；2004 年 9 月至 2005 年 7 月，东起大门岛，西至三角沙滩顶，长度 4 km 的北堤建成，对温州浅滩的滩体变化产生了很大影响。

中华人民共和国成立后，浙江省共进行了 5 次滩涂资源调查，温州市的滩涂资源居全省第二，滩涂资源面积为 $6.36 \times 10^4 \ \mathrm{hm}^2$（95.42 万亩[①]），占全省滩涂资源总量的 24.43%。1950—2000 年温州市年平均滩涂围垦面积为 236 hm^2，2001—2010 年为围垦高峰阶段，年平均滩涂围垦面积为 608.67 hm^2（见表 1.1）。温州市目前已围垦的面积占滩涂资源的 28.5%。考虑到滩涂资源的自然增长，滩涂作为一项后备土地资源，在温州市仍有较大开发潜力。

表 1.1　温州市围垦情况统计

年份	温州市围垦面积 /hm^2	浙江省围垦面积 /$10^4\ \mathrm{hm}^2$	占全省比例 /%
1950—2000	12 040.00	16.95	7.10
2001	60.00	0.37	1.64
2002	146.67	0.58	3.34
2003	53.33	0.55	0.97
2004	346.67	0.56	6.22
2005	380.00	0.68	5.61
2006	888.67	0.68	0.19
2007	966.67	0.69	13.96
2008	1 026.67	0.71	14.39
2009	2 033.33	1.05	19.38
2010	1 060.00	1.06	9.97
2001—2010	6 086.67[1]	6.79[1]	8.96[1]
1950—2010	18 126.67[2]	23.74[2]	7.64[2]

注：表中上标 1 的数据为 2001—2010 年小计数；上标 2 的数据为 1950—2010 年合计数。

　　2010 年 9 月，温州市委、市政府立足温州、着眼全国，正式启动瓯飞围垦工程项目前期工作。经过科学论证，定位瓯飞围垦工程为：生态围垦、科学用海，打造国家海洋经济示范区的"系统工程"；推进系统治水、建设美丽浙南水乡的"示范工程"；坚持产城联动，实现新型城市化、新型工业化与信息化融合发展的"试点工程"；功在当代、利在千秋、福泽子孙后代的"民生工程"。要通过不断努力，将瓯飞打造成围海造地的新样板、滨海城市规划的新样本、先进制造的新高地、系统治水的新典范、都市休闲农业的新区块、海

①　1 亩 ≈ 666.67 m^2。

洋生态文明建设的示范区。

按照"一次规划，分期实施，高滩围垦，浅海促淤"的思路，先期启动一期围垦工程，围垦面积约为 85.53 km^2，堤线总长约 36.66 km，概算总投资 272.93 亿元，工程分北片和南片两阶段实施。

1.2 项目前期

2010 年 9 月，瓯飞围垦工程项目前期工作正式启动。

2011 年 3 月，瓯飞围垦工程管理委员会成立。

2011 年 5 月 19 日，浙江省发改委下发《关于温州市瓯飞一期围垦工程项目建议书的批复》（浙发改农经〔2011〕488 号）（见图 1.1）。

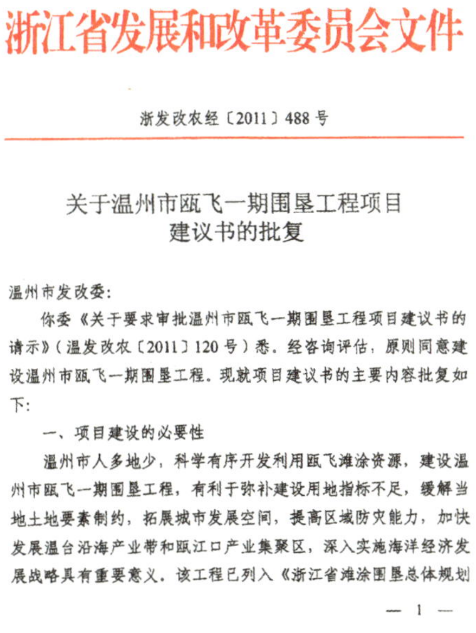

浙江省发展和改革委员会文件

浙发改农经〔2011〕488 号

关于温州市瓯飞一期围垦工程项目
建议书的批复

温州市发改委：

你委《关于要求审批温州市瓯飞一期围垦工程项目建议书的请示》（温发改农〔2011〕120 号）悉。经咨询评估，原则同意建设温州市瓯飞一期围垦工程。现就项目建议书的主要内容批复如下：

一、项目建设的必要性

温州市人多地少，科学有序开发利用瓯飞滩涂资源，建设温州市瓯飞一期围垦工程，有利于弥补建设用地指标不足，缓解当地土地要素制约，拓展城市发展空间，提高区域防灾能力，加快发展温台沿海产业带和瓯江口产业集聚区，深入实施海洋经济发展战略具有重要意义。该工程已列入《浙江省滩涂围垦总体规划

— 1 —

图 1.1 瓯飞一期围垦工程项目建议书批复文件

2011 年 9 月，浙江省国土资源厅印发"温州市瓯飞一期围垦工程洞头霓屿采矿许可证""温州市瓯飞一期围垦工程瑞安凤凰山采矿许可证"。

2012 年 8 月 6 日，国家海洋局出具《关于重新确定温州市瓯飞淤涨型高涂围垦养殖用海规划围海规模的通知》（海管函〔2012〕253 号），最终确定用

海规模约为 85.53 km²。

2012 年 8 月，瓯飞一期围垦工程政策处理基本完成。

2012 年 9 月，瓯飞一期围垦工程用海规划获国家海洋局批复（见图 1.2）。

国 家 海 洋 局

国海管字〔2012〕628 号

国家海洋局关于温州市瓯飞淤涨型高涂围垦养殖用海规划的批复

浙江省海洋与渔业局：

你局《关于报审温州市瓯飞淤涨型高涂围垦养殖用海规划的请示》（浙海渔〔2011〕34 号）及修改完善后的《温州市瓯飞淤涨型高涂围垦养殖用海规划》等材料收悉。经审查，现就有关事项批复如下：

一、原则同意《温州市瓯飞淤涨型高涂围垦养殖用海规划》（以下简称"规划"），规划年限为 2012 年至 2016 年。

二、控制规划范围。规划用海位于瓯江河口和飞云江河口口外海域，规划用海面积控制在 8853.7184 公顷以内，分前后两期实施，前期实施围海面积控制在 4429.1305 公顷以内；规划前期完成后，根据跟踪监测和环境影响后评价结果，再实施规划后期的建设。具体范围控制坐标见附件。

三、严格实施规划。规划应由温州市人民政府或授权的单位组织实施，规划范围内除建设河道、施工便道外，全部规划用于

图 1.2　瓯飞一期围垦工程用海规划批复文件

2012 年 9 月，浙江省发改委批复瓯飞一期围垦工程可行性研究报告（见图 1.3）。

浙江省发展和改革委员会文件

浙发改农经〔2012〕1234 号

关于温州市瓯飞一期围垦工程可行性研究报告的批复

温州市发改委：

你委《关于要求审批温州市瓯飞一期围垦工程可行性研究报告的请示》（温发改农〔2012〕362 号）悉。根据浙江省水利水电技术咨询中心咨询评估意见（浙水咨〔2012〕17 号）和省水利厅行业审查意见（浙水围〔2012〕3 号），原则同意建设瓯飞一期围垦工程。现就工程可行性研究报告的主要内容批复如下：

一、工程建设的必要性

温州市瓯飞区域滩涂资源丰富，实施温州市瓯飞一期围垦工程有利于缓解当地土地要素瓶颈制约，拓展经济社会发展空间，

图 1.3　瓯飞一期围垦工程可行性研究报告审查及批复文件

2013 年 1 月，瓯飞一期初步设计报告获浙江省发改委批复（见图 1.4）。

浙江省发展和改革委员会文件

浙发改设计〔2013〕12 号

关于温州市瓯飞一期围垦工程初步设计的批复

温州市发改委：

你委《关于要求审批温州市瓯飞一期围垦工程初步设计的请示》（温发改基综〔2013〕7 号）收悉。经研究，现批复如下：

一、工程选址和规模

本工程位于温州市瓯江、飞云江河口间平直岸滩，地理位置为北纬 27°56′5″～27°40′48″，东经 120°55′13″～120°41′6″，东临大海，西联瑞安丁山、龙湾永兴，海滨沿海围垦区，南顺飞云江左岸，北顺瓯江南口右岸。围垦底积 13.28 万亩，用于养殖及配套工程。

二、水文气象

— 1 —

图 1.4 瓯飞一期围垦工程初步设计批复文件

至 2013 年 1 月，瓯飞一期围垦工程完成全部前期工作，共完成 75 项报告，其中规划类 9 项、研究类 20 项、设计咨询类 46 项（见图 1.5、表 1.2）。

图 1.5 瓯飞一期围垦工程前期研究报告

表1.2 瓯飞一期围垦工程前期研究报告概览

序 号	报告名称	类 别
1	温州市瓯飞一期围垦规划项目专题论证报告	规划
2	温州市瓯飞滩促淤围涂项目规划专题论证报告	规划
3	瓯飞一期围垦工程围区防洪排涝规划报告	规划
4	瓯飞一期围垦工程开发利用规划专题研究	规划
5	瓯飞滩围区防洪排涝概念性规划报告	规划
6	温瑞平原（龙湾、瑞安片）防洪规划调整报告	规划
7	温州市瓯飞淤涨型高涂围垦养殖用海规划	规划
8	温州市瓯飞工程渔业产业规划	规划
9	瓯飞工程发展战略研究及概念性规划	规划
10	瓯飞工程区域规划用海物模研究	专题研究
11	瓯飞工程区域规划用海数模研究	专题研究
12	温州市瓯飞一期围垦工程必要性专题研究报告（1）	专题研究
13	温州市瓯飞一期围垦工程必要性专题研究报告（2）	专题研究
14	温州市瓯飞一期围垦工程水文泥沙专题总报告	专题研究
15	瓯飞滩海域岸滩演变分析及相邻河口河势分析专题报告	专题研究
16	波浪整体数学模型计算专题报告	专题研究
17	瓯江河口河势影响数模研究专题报告	专题研究
18	飞云江河口河势影响数模研究专题报告	专题研究
19	状元港区、洞头海域影响数模研究专题报告	专题研究
20	瓯江和飞云江防洪御潮影响分析专题报告	专题研究
21	促淤数学模型研究专题报告	专题研究
22	整体物理模型定床试验专题报告	专题研究
23	水动力及海床冲淤影响研究专题报告	专题研究
24	堤线方案水动力及海床冲淤影响研究专题报告	专题研究
25	温州市瓯飞滩（促淤）围垦项目堤线方案水动力及海床冲淤影响研究专题报告	专题研究
26	温州市瓯飞滩围涂工程（堤线方案）专题论证水文测验技术报告	专题研究
27	瓯飞一期围垦工程波浪断面物理模型试验研究（1）	专题研究

序 号	报告名称	类 别
28	瓯飞一期围垦工程水闸水工模型试验研究	专题研究
29	瓯飞一期围垦工程波浪断面物理模型试验研究（2）	专题研究
30	瓯飞一期围垦工程水土保持方案报告书	设计咨询
31	瓯飞一期围垦工程水资源配置专题论证报告	设计咨询
32	瓯飞一期围垦工程防洪影响评价报告	设计咨询
33	瓯飞一期围垦工程潮位潮型分析专题报告	设计咨询
34	瓯飞一期围垦工程投资估算专题报告	设计咨询
35	瓯飞工程海洋环境影响评价	设计咨询
36	温州市瓯飞淤涨型高涂围垦养殖用海规划海域使用论证报告书	设计咨询
37	温州瓯飞工程海洋环境生态调查	设计咨询
38	瓯飞工程附近海域海洋渔业资源和底栖生物阿氏拖网现状调查报告	设计咨询
39	温州市瓯飞淤涨型高涂围垦养殖用海规划必要性专题论证报告	设计咨询
40	瓯飞一期围垦工程对航道影响专题分析	设计咨询
41	温州市瓯飞工程通航安全论证评估专题研究	设计咨询
42	瓯飞工程通航安全评估报告	设计咨询
43	温州市瓯飞一期促淤工程使用林地可行性报告	设计咨询
44	洞头县霓屿二期矿区普通建筑石料矿地质勘察	设计咨询
45	瑞安市北龙乡凤凰头矿区普通建筑石料矿地质勘察	设计咨询
46	温州市瓯飞一期围垦工程瑞安市北龙乡凤凰头村建筑用凝灰岩矿区补充地质勘察	设计咨询
47	瑞安市飞云镇垟西矿区普通建筑石料矿地质勘察	设计咨询
48	瑞安市潘岱头山岭矿区普通建筑石料矿地质勘察	设计咨询
49	瑞安市荆谷乡八甲矿区普通建筑石料矿地质勘察	设计咨询
50	瑞安市北龙乡齿头山矿区普通建筑石料矿地质勘察	设计咨询
51	温州市瓯飞一期围垦工程瑞安市北龙乡凤凰头村建筑用凝灰岩矿开采项目环境影响技术评估	设计咨询
52	温州市瓯飞一期围垦工程洞头县霓屿乡霓屿二期建筑用凝灰岩矿开采项目环境影响技术评估	设计咨询

续　表

序　号	报告名称	类　别
53	温州市瓯飞一期围垦工程洞头县霓屿乡霓屿一期建筑用凝灰岩矿开采项目环境影响技术评估	设计咨询
54	瑞安市北龙乡凤凰头村建筑用凝灰岩矿采矿权价款评估	设计咨询
55	洞头县霓屿乡建筑用凝灰岩矿采矿权价款评估	设计咨询
56	洞头县霓屿乡布袋岙村西岙建筑用凝灰岩矿采矿权价款评估	设计咨询
57	洞头县霓屿乡一期矿区普通建筑用石料（凝灰岩）矿安全预评价	设计咨询
58	洞头县霓屿乡霓屿二期普通建筑石料矿安全预评	设计咨询
59	瑞安市北龙乡凤凰头矿普通建筑石料矿安全预评	设计咨询
60	洞头县霓屿乡布袋岙村西岙普通建筑石料矿（调整）开采设计与安全专篇	设计咨询
61	温州市瓯飞一期围垦工程洞头县霓屿乡建筑用石料（凝灰岩）矿开采设计与安全专篇	设计咨询
62	瑞安市北龙乡凤凰头矿普通建筑石料矿开采设计与安全专篇	设计咨询
63	洞头县霓屿乡布袋村西岙普通建筑石料矿区矿产资源开发利用方案和矿山地质环境保护与治理恢复方案	设计咨询
64	洞头县霓屿乡建筑用凝灰岩矿区矿产资源开发利用方案和矿山地质环境保护与治理恢复方案	设计咨询
65	瑞安市北龙乡凤凰头村建筑用凝灰岩矿区矿产资源开发利用和地质环境保护与治理恢复方案	设计咨询
66	温州市瓯飞围涂霓屿料场路网改造工程设计报告	设计咨询
67	温州市瓯飞一期围垦工程使用林地可行性报告	设计咨询
68	温州市瓯飞一期促淤工程使用林地查验报告	设计咨询
69	温州市瓯飞一期围垦工程使用林地查验报告	设计咨询
70	洞头 35 kV 3771 线霓屿段改造工程设计报告	设计咨询
71	洞头 10 kV 3771 线霓屿段改造工程设计报告	设计咨询
72	瓯飞一期围垦工程地质分析专题报告	设计咨询
73	瓯飞一期围垦工程布置及建筑物设计专题报告	设计咨询
74	瓯飞一期围垦工程施工组织设计专题报告	设计咨询
75	瓯飞一期围垦工程政策处理方案专题报告	设计咨询

1.3　项目概况

根据国家海洋局批复要求，瓯飞一期围垦工程分为南片和北片分别实施，南、北两片面积均约为 42.27 km²，北片先期实施，工程于 2013 年 7 月 20 日正式开工建设，工期 7.5 年。

1.3.1　海堤工程

本工程海堤共由北堤、东堤、西河堤和 2# 隔堤组成，海堤规模如表 1.3 所示。

北堤：位于围区北侧，东西向布置，涂面高程 0.00 ～ –3.00 m，长约 4300 m（见图 1.6）。

东堤：位于围区东侧，沿海涂面高程走势呈南北向布置，北侧与北堤连接过渡，南侧与 2# 隔堤相接，涂面平均高程约 –3.0 m，长约 14817 m（见图 1.7）。

西河堤：位于围区西侧，堤线沿龙湾二期围涂工程主堤顺直段的延伸线方向至规划瓯飞一期围垦工程北堤线止，涂面高程 –1.7 m，堤线总长 4137 m。

2# 隔堤：位于围区南侧，东西向布置，涂面高程 –1.7 ～ –3.00 m，长约 3053 m。

表 1.3　海堤规模

海　堤	堤　长 /m	堤顶高程 /m	防浪墙顶高程 /m
北　堤	4300	7.40	8.00
东　堤	14817	7.80	8.80
西河堤	4137	5.00	6.20
2# 隔堤	3053	5.50	6.00

图 1.6　北堤

图 1.7　东堤

1.3.2　水闸工程

本工程共布置水闸 4 座，均为软基闸水闸规模，见表 1.4。北 1# 闸为 10 孔 ×8 m，北 2# 闸为 6 孔 ×8 m+16 m，东 1# 闸为 3 孔 ×8 m，西河堤闸为 7 孔 ×6 m（见图 1.8 ~ 图 1.10）。

表 1.4　水闸规模

水 闸	净 宽	底高程 /m	桩 号	流 量 /（m³/s）	备 注
北 1# 闸	10 孔 ×8 m	−2.0	3+455	1240	近 期
北 2# 闸	6 孔 ×8 m+16 m	−3.0	3+655	641/1016	近 期
东 1# 闸	3 孔 ×8 m	−3.0	16+945	445/501	纳 / 排
西河堤闸	7 孔 ×6 m	−2.0	2+301.35	498	排

图 1.8　北 1#、北 2# 闸

图 1.9　东 1# 闸

图 1.10　西河堤闸

1.4　工程影响

1.4.1　对港口航道的影响

温州港码头设施主要集中在瓯江两岸和瓯江口外的小门岛附近，其他设施分散在乐清湾和瓯江口以南的瑞安、平阳、苍南等地，以小型生产性码头和地方客运码头为主。目前，温州港港口生产用码头实际生产泊位达到 264 个，其中万吨级以上泊位 6 个，分别是状元岙港区一期工程 5 万吨级泊位 2 个、七里作业区一期技改 2.5 万吨级泊位 1 个、七里作业区二期工程 2 万吨级泊位 1 个、浙能乐清电厂 3.5 万吨级卸煤泊位 2 个。

温州港的航道主要包括瓯江、乐清湾、小门岛、飞云江、鳌江出海航道。温州港现有乐清湾、青菱屿、乌星屿、园屿、洞头峡、黑牛湾、西门（三条江）等锚地，主要集中在乐清湾和瓯江口附近海域。

从水动力和冲淤影响来看，瓯飞滩北侧堤线若顺延浅滩导堤线，瓯江南汊涨落潮量基本维持现状、变化较小；北堤线若按放宽率延伸，瓯江南汊进潮量会进一步加大，有利于南汊的泥沙输移。瓯飞工程的实施对瓯江潮位、潮量、潮流速、含沙量影响较小，基本不会改变瓯江水动力环境和主要分汊河道的主支汊特性。工程实施将使飞云江高潮位、潮量和潮流速有不同程度的下降，但飞云江各河段的水动力特性没有大的调整变化。飞云江河口地形变化基本在 0.1 ~ 0.2 m，河道淤积造成上游潘山至龟岩洪水位抬升 0.04 ~ 0.07 m，低水位也抬升了 0.07 ~ 0.09 m。总的来说，虽然瓯飞工程实施可能会对河段潮位、潮量略有影响，但不会造成瓯江、飞云江河势大的调整变化。

1.4.2　对周边环境的影响

瓯飞一期围垦工程建成促淤，潮间带将逐步外移，对总体海域生态不会产生大的影响。对渔业的影响主要是筑堤占用了以往的部分渔业海域，但瓯飞一期围垦工程同时也规划了浅海养殖区，能够补偿恢复渔业海域功能。由于围垦土地利用类型的改变，原有的滩涂湿地功能在短期内会被减弱，通过在围垦区预留出一定的养殖区、绿化带以及滨海人造林，为湿地水鸟营造新的生存空间，原滩涂自然生态系统将形成新的人工生态布局。

1.5　综合效益

瓯飞一期围垦工程（北片）总投资 278.42 亿元，静态总投资约 217.22 亿元，其效益表现在四个方面。

1.5.1　大力推动浙江海洋经济发展

2011 年《浙江海洋经济发展示范区规划》提出，要着力发展温州都市圈，加强民营经济发展先行创新，推进温州枢纽港、滨海重点开发区块建设和临港先进制造业发展，将温州都市圈发展成为长江三角洲南翼和海峡西岸经济区北翼中心城市。突出民营经济特色，结合农渔业发展，依托围垦新空间，融合"生产、生活、生态"，打造国际新田园城市、国际新海洋湾区、国家新能源高地的"三新"国家海洋生态文明示范区，树立海洋经济综合开发利用的标志性工程。

瓯飞一期围垦工程开发分为高涂围垦养殖、农业开发和城市开发三个阶段。

第一阶段：高涂围垦养殖阶段。按照"定位科学、布局合理、规划可行"的要求，加快建成高涂围垦养殖用海区，以发展高效、生态、标准化、品牌化渔业为目标，通过"政府主导、市场化运作"新机制，建成"生态 – 高效 – 品牌"一体，水产养殖与加工、水产研发、休闲渔业项目科技含量高、示范带动能力强，具有浙南特色的现代渔业示范区。

第二阶段：农业开发阶段。在高涂围垦养殖的基础上，将前期的海水养殖逐渐转化为淡水养殖，在保留部分淡水养殖的同时，大部分养殖转化为农业综合开发，为以后的城市开发提供重要基础。农业综合开发的目标是建成基础设施完善、功能布局合理、产品结构优化、科技应用先进、经济效益显著、示范和辐射带动功能作用明显的，集生产、科技示范、推广、休闲观光为一体的，国内先进、具有浙南特色、有较强市场竞争力的国家级现代农业综合开发区。

第三阶段：城市开发阶段。该阶段要为温州再建一个都市核心——滨海新城，即建成生产创新中心和以先进制造业、海洋新兴产业、现代服务业、现代生态农业、特色人居及生态休闲等为主的综合性城市。

1.5.2　大力提升区域防洪减灾能力

瓯江口至飞云江河口之间已有的防洪潮体系主要包括龙湾区东片堤塘、

永强片堤塘、温瑞平原沿江堤塘和温瑞平原沿海堤塘（丁山片堤塘），防洪（潮）标准仅为 20 ～ 50 年一遇。

本工程建成后，使两个河口之间的海岸带防洪（潮）标准提高至 50 ～ 100 年一遇，与现有海塘一起，构成多道海塘联合防御体系，大大增强了区域防灾减灾能力，对保障温州市社会、经济可持续健康发展具有积极推动作用。

1.5.3　有利于合理利用海洋资源

本工程海域及附近海域生物资源丰富，种类繁多。其中，鱼类 105 种，具有经济价值的有大黄鱼、墨鱼、带鱼、鲳鱼、鳓鱼、马鲛鱼、鳗鱼、石斑鱼等；甲壳类 159 种，具有经济价值的有三疣梭子蟹、锯缘青蟹、中国对虾、蛤氏仿对虾、中华管鞭虾、中国毛虾等；贝藻类 369 种，具有经济价值的有缢蛏、泥蚶、毛蚶、牡蛎、青蛤、文蛤、贻贝、紫菜、石花菜、海带、浒苔。还有腔肠动物，如海蜇。滩涂生物资源有 284 种，其中泥滩生物资源有 181 种，沙滩生物资源有 37 种，岸礁生物资源有 66 种。

本工程实施后，会进行淤涨型高涂围垦养殖，合理开发、利用和保护丰富的滩涂资源，建设集约型、环境友好型的现代渔业示范区，有利于推进沿海渔业资源的可持续发展。

1.5.4　有利于提供充足的土地资源，保障粮食安全

温州市三面环山一面临海，素有"七山二水一分田"的说法，是人口多、资源少的典型地区。

温州市近年来建设用地规模迅速扩大，使原本就耕地资源不足的瓯江河口地区土地供需矛盾日益突出。今后随着社会经济发展和人口增多，耕地供需矛盾将日趋严重。针对温州市耕地资源实际情况，在提高土地集约利用的前提下，积极实施"开源"措施是切实保护耕地"占补平衡"的有效途径。

1.6 技术成果

依托本工程建设，项目部共获得发明专利 6 项、实用新型专利 9 项、QC 小组活动成果奖 12 项、工法 7 项、科技成果奖励 4 项（见表 1.5 ~ 表 1.8）。

表 1.5　专利成果

序　号	名　称	种　类
1	一种滨海双排钢板桩围堰梳齿槽导截流施工方法	发明专利
2	一种上拔法外海无掩护钢围堰龙口导流施工方法	发明专利
3	一种提高地基承载力的方法	发明专利
4	深水区地表沉降监测装置及方法	发明专利
5	深水区土体分层沉降监测装置及方法	发明专利
6	深厚软弱地基闸底板脱空监测装置及监测方法	发明专利
7	一种外海无掩护钢围堰龙口导流闸门	实用新型专利
8	无翼墙水闸布置形式	实用新型专利
9	一种滨海超深厚软土地基浮置式钢板桩围堰	实用新型专利
10	一种排水板插设备	实用新型专利
11	深厚软弱地基闸底板脱空监测装置	实用新型专利
12	大面积超软弱地基沉降监测装置	实用新型专利
13	深水区土体分层沉降监测装置	实用新型专利
14	深水区地表沉降监测装置	实用新型专利
15	一种新型封闭式孔隙水压力计的埋设装置	实用新型专利

表 1.6　QC 小组活动获奖成果

序　号	名　　称	颁奖单位	等　级
1	滨海超深厚软土地基浮置式钢板桩围堰	中国水利电力质量管理协会	一等奖
2	钢板桩龙口导流施工		一等奖
3	海上无掩护插打超长钢板桩新法	中国水利电力质量管理协会	一等奖
4	海上钢板桩围堰防渗漏控制		二等奖
5	提高瓯飞工程排水板打设合格率		二等奖
6	减少预制扭王字块表面缺陷率		二等奖
7	软弱地基闸底板脱空监测装置研发	中国勘察设计协会	一等奖
8	提高钻孔灌注桩钢筋计成活率		一等奖
9	提高海堤深水 50 kN/m 有纺土工布船铺施工效率	浙江省质量协会	一等奖
10	提高海堤碎石垫层抛填合格率		二等奖
11	提高水下土工布铺设质量		
12	提高水闸钢筋手工电弧焊焊接质量		

表 1.7　施工工法

序　号	名　　称	颁发单位
1	深水区排水板插设施工工法	中华人民共和国住房和城乡建设部
2	深水区土工布铺设施工工法	中华人民共和国住房和城乡建设部
3	深水区海堤闭气土方施工工法	中国水利工程协会
4	液压对开驳抛石筑堤施工工法	中国水利工程协会
5	软土地基堤脚预抛石筑堤施工工法	中国水利工程协会
6	海堤镇压层护面结构理砌灌缝施工工法	中国水利工程协会
7	沿海水下分区块结合水平姿态仪抛填施工工法	中国水利工程协会

表 1.8　科技成果奖励

序　号	名　　称	获奖类别
1	瓯飞围垦工程关键水力学技术研究与应用	浙江省科技进步奖二等奖
2	瓯飞一期围垦工程项目建议书	浙江省工程咨询成果奖三等奖
3	淤泥快速固结技术	浙江省水利科技创新奖二等奖
4	软土地基堤脚预抛石筑堤施工技术	中国施工企业管理协会二等奖

2 自然条件

2.1 水文气象

2.1.1 陆地水文气象

（1）气候

瓯江河口属亚热带季风气候区，冬夏季风交替显著，年平均气温适中，四季分明，光照较多，雨量充沛，空气湿润。

温州市年平均气温为18℃左右，但气温存在明显的季节差异。1月是冬季风最盛时期，温州市区1月平均气温为7.6℃，极端最低气温为−3℃。7月是夏季气温最高时期，在太平洋副热带高压控制下，天气晴热少雨，温州市区月平均气温为27℃，极端最高气温达41℃。4月虽然仍受冬季风影响，但气温已普遍升高，月平均气温为16.3℃。10月份冬季风逐渐强劲，气温下降，温州市区月平均气温为20.2℃。

（2）降雨

本区域的降雨主要是锋面雨和台风雨，每年平均降雨量为1700 mm。锋面雨雨季是3月至6月，其中3月、4月为春雨，5月、6月为梅雨。台风雨雨季是7月至9月，主要受台风影响。据统计，本区年均受台风影响4次左右。

（3）径流

瓯江是一条山溪性河流，上游河床坡陡，洪水猛涨猛落，历时短，洪峰流量大。根据圩仁站（控制流域面积75%）的统计，实测最大流量为22800 m^3/s，最小流量为10.6 m^3/s，平均流量为470 m^3/s。每年经口门入海径流总量为$1.695 \times 10^{10} m^3$。

（4）风况

本区位于中纬度，受东亚高低气压活动中心季节变化控制，尤其受西风带环流系统和北太平洋副热带高压环流系统的交替影响，是南北气流交换最频繁的地区之一。本区冬季盛行西北风，夏季盛行偏东风，全年最多为东南风，频率为23%，其次为西北风，频率为22%，年平均风速为2.1 m/s。

2.1.2　海洋水文气象

（1）潮汐

瓯江口门附近海区潮汐属非正规半日潮，一昼夜两潮。一般春分至秋分间夜潮大于日潮，秋分至翌年春分间反之。

本海区潮差大，落潮历时大于涨潮历时，是我国强潮海区之一。河口潮差分布由温州湾经口门，向里逐渐增大，至龙湾附近达最大，然后向上游沿程递减。口门以内的高低潮位随上游洪水流量增加而抬高，潮差减小，其中低潮位抬高尤为明显。而口门外海湾区的高低潮位几乎不受上游洪水流量的影响。影响本区域高低潮位的因素是天文潮、径流和台风。若暴雨、台风和天文大潮三者同时出现，会产生最高高潮位。如1994年17号台风正值天文大潮，龙湾高潮位为5.53 m，温州高潮位为5.55 m，均超历史纪录。瓯江河口区各站潮汐特征值如表2.1所示。

表2.1　瓯江河口各站潮汐特征值

项目 站名	潮　位/m				潮　差/m	
	高　潮		低　潮			
	最　高	平　均	最　低	平　均	最　大	平　均
花岩头	7.69	2.76	−1.52	−0.32	4.96	3.08
梅　岙	5.61	2.39	−1.62	−0.77	4.88	3.16
温　州	5.55	2.55	−2.4	−1.36	6.06	3.91
龙　湾	5.53	2.52	−3.49	−1.99	7.21	4.51
洞　头	4.48	2.24	−3.51	−1.87	6.77	4.11

（2）潮流

上游径流有加大落潮流速、减小涨潮流速的作用。在枯水期，涨潮流可上溯至温溪附近，而在洪水期间，当上游径流量大于 10000 m³/s 时，在龙湾也无涨潮流。

（3）波浪

温州湾受季风影响，全年呈现两个主要波向：东—东南向波浪，频率为 52%，北—东北向波浪，频率为 36%。

瓯江口外有大门、小门、青山、状元岙、霓屿、洞头等大小岛屿环抱，对湾内水域掩护较好。

（4）盐度

瓯江河口地区是海洋入侵的盐水和上游下泄的淡水相互渗混的区域。盐度向上游逐渐递减。由于瓯江河口为强混合河口，盐度的垂向变化很小。高平潮时盐水入侵最远，盐度最大；低平潮时盐度减至最小。

2.2 泥沙

2.2.1 泥沙来源

工程海域泥沙来源主要分为两部分，即瓯江、飞云江流域上游来沙和外海域来沙。其中外海域来沙又分为两部分，一是冬季江浙沿岸流由北往南带来部分泥沙；二是在潮流和波流作用下，泥沙横向运动，把近海海底沉积物推向岸边。

2.2.2 泥沙时空分布

无论海域来沙还是陆域来沙，呈现逐年减少的趋势，年内泥沙量随季节变化而变化，秋冬季瓯江口附近海域水体的含沙量普遍高于春夏季，汛期泥沙浓度低于非汛期。

本区域含沙量分布呈现"河口高，外海区低"的态势，即悬移质含沙量分布由西向东逐渐降低，其等值线略呈东北—西南向，含沙量的水平梯度也由西向东逐渐减小，河口区的含沙量高于其他区域，在瓯江、飞云江、鳌江等三条河口形成含沙量高值区，也称河口最大浑浊带。

2.3　地质条件

2.3.1　区域地质

（1）地形地貌

工程区及周边为低山丘陵、岛屿和滨海平原，出露地表的山脉和岛屿主要为雁荡山脉的东侧余脉。工程区的海涂坡度较平缓，涂面高程一般为 −4.0 ~ −1.0 m，其北侧为瓯江出海口，南侧为飞云江出海口，由于受水流及潮流影响，河道底高程一般为 −9.0 ~ −5.0 m，其东侧霓屿岛—铜盘山—凤凰头连线一带海域为航道，底高程一般为 −9.5 ~ −7.5 m。

（2）地层岩性

区内出露的地层主要为侏罗系上统高坞组（J3g）的流纹质晶屑凝灰岩、玻屑晶屑凝灰岩，西山头组（J3x）的流纹质玻屑凝灰岩夹沉积岩和中酸性火山岩及燕山晚期侵入的钾长花岗岩、石英闪长玢岩等。新鲜岩石一般坚硬，抗风化能力较强。覆盖层主要为第四系冲海积、海积、坡残积和坡洪积堆积物。

（3）水文地质

工程区附近山体分布火山碎屑岩及燕山晚期侵入的花岗岩类，一般岩石裸露，地下水类型主要为基岩裂隙潜水，分布于构造裂隙及地表浅部的风化带中，由大气降水及地表水渗入后补给。在滩涂淤泥层中分布的砂层透镜体和瓯江南、北口及飞云江口附近沙丘中赋存有孔隙潜水或弱承压水，多受海水涨落潮影响，水质较差。工程区水位、水质受上游来水及潮汐影响。本区浅层地下水属潜水类型，地下水主要赋存于第四系松散堆积物的孔隙潜水，主要补给来源为海水补给和地表径流。退潮、涨潮时，海水与地下水等相互补排。

根据水质分析成果，场地地表水和地下水为高矿化度的咸水，水化学类型属于 Cl-Na 和 Cl-Na+Mg 型水。根据《水利水电工程地质勘察规范》（GB 50487—2008），地表水对混凝土具有硫酸盐型强腐蚀、碳酸型弱腐蚀和镁离子型弱腐蚀，对钢筋混凝土结构中的钢筋分别具有中等腐蚀和强腐蚀，对钢结构具有中等腐蚀；地下水对混凝土具有硫酸盐型中等腐蚀，对钢筋混凝土结构中的钢筋分别具有中等腐蚀和强腐蚀，对钢结构具有中等腐蚀。

（4）地质构造和地震

区域大地构造单元属华南褶皱系（I_2）、浙东南褶皱带（II_3）、温州—临海拗陷（III_8）、泰顺—温州断拗（IV_{12}）。构造位于温州—镇海大断裂和泰顺—黄岩大断裂东侧。构造形式以断裂为主，褶皱不明显，受 NNE 向和 NNW 向两组断裂影响较大，在现代的基本地貌单元上显示比较突出，其余各组断裂分布比较零星，规模较小，属东西向构造体系，为早白垩世末期燕山构造运动的产物，具继承性和多次活动特点。

2.3.2 工程地质

工程区土层分布总体相对较稳定，海域浅部分布淤泥及淤泥质土；在水平方向上，土的性质由近岸远离海岸，由河口向远离河口方向变差，浅部土层中普遍夹有粉砂或粉土透镜体，离海岸或河口越远，土层中砂粒含量逐渐减少，粒径由粗到细。

海堤地基主要为高含水量、高压缩性、高灵敏度、低强度的淤泥和淤泥质土，工程地质条件差，是堤基沉降和稳定的主要控制层。根据瓯江口海域软土特性及本工程各堤线地层结构特征及各层土的物理力学指标，尤其是浅部表层的沉积差异，将本工程堤段分为三段，即北堤段、东堤北段、东堤中段。北堤段主要为浅层粉粒、砂性土含量相对较高。东堤北段主要为浅层砂性土颗粒相对较细，以夹粉性土为主，底部粉质黏土上部普遍覆盖有淤泥质黏土。东堤中段主要为浅层砂性土含量较少，以性质相对较差的III_0层淤泥为主，同时底部Ⅳ₁淤泥质黏土缺失，Ⅳ₂层粉质黏土层顶板相对较高，其浅层土层具有静水环境下滨海沉积的特征。

根据地震历史资料统计，场区内地震活动较弱，四级以上的地震仅发生过一次，据现代地震监测，区内地震活动仅限于三级以下的有感地震，区内地壳活动性属于基本稳定区。

本场地浅部分布有软弱土，属对建筑抗震不利地段。场地埋深 20 m 以浅主要为软弱淤泥类土，根据同类土层剪切波速试验成果及《建筑抗震设计规范》（GB 50011—2010）有关条款，20 m 以浅地基土剪切波速 v_s<150 m/s，即场地等效剪切波速 v_{se}<150 m/s；根据区域地质条件及邻近工程经验，按《建筑抗震设计规范》（GB 50011—2010），堤线范围内场地类别为Ⅳ类。设计地震分组为第一组，设计基本地震加速度值为 0.05 g（相应抗震设防烈度为 6 度），温州市地震活动反应谱特征周期为 0.65 s，瑞安为 0.75 s（按 1 区软弱场地考虑）。

滩涂面以下 20 m 以浅未发现有稳定分布的饱和砂土和饱和粉土层，根据《建筑抗震设计规范》（GB 50011—2010）判别：当场区抗震设防烈度为 6 度时，一般情况下可不进行对饱和砂土和粉土的液化判别和地基处理。但考虑到本工程的重要性，局部堤段零星分布的粉砂、粉土夹淤泥层透镜体经初判和复判，存在局部砂土液化问题。

2.3.3　天然建筑材料

（1）石料

洞头霓屿石料场：位于洞头列岛中部西侧，东至深门大桥与元觉乡接壤，南濒大海，西至灵霓海堤与灵昆相连，北隔瓯江口水道，属洞头县（现温州市洞头区）霓屿乡管辖。该料场岩性为侏罗系上统高坞组（J3g）的流纹质晶屑凝灰岩，局部夹深灰色流纹质玻屑凝灰岩，以强风化～弱风化为主。该料场无用层厚度一般为 1.0～5.0 m，料场一期储量约 8.19×10^6 m³；二期储量约 4.583×10^7 m³，整合区 3.607×10^7 m³；三期储量约 -1.55×10^8 m³。

凤凰山料场：位于瑞安市区南偏东 136° 方向，距瑞安市直线距离约

14.6 km，属瑞安市北龙乡凤凰头村管辖。该料场岩性为侏罗系上统高坞组
（J3g）粉砂质硅质岩、粉砂质泥岩及细粒二长花岗岩，以弱风化为主，储量
约 $1.506 \times 10^7 \, \mathrm{m}^3$。

（2）防渗闭气土料

根据勘探结果知，10 m 以浅范围内土层为 III_0 层淤泥，III_1 层淤泥夹粉砂、粉土，III_2 层淤泥。根据各土层物理力学性质，III_0 层淤泥和 III_2 层淤泥可作为理想的防渗闭气土料，III_1 层淤泥夹粉砂次之，但该层砂性土很薄，且经吹填后与淤泥混合在一起，渗透性能为微~极微透水性，可作为防渗闭气土料。

3 施工组织

3.1　施工特点

①低滩围垦，施工难度大。工程区受风、浪、潮水影响频繁，一期围垦工程（北片）涂面低于 –1.0 m 高程，必须赶潮施工，有效作业时间短，施工难度大。

②工期长，施工强度大。主体工程施工期约为 7.5 年，施工周期及施工高峰期持续时间长；工程地基为淤泥质软土地基，且软土层厚，要求严格控制加荷速率；工程石料开采强度为 10.4 万吨/天，对石料生产施工各环节的设备和资源配置等要求高。

③作业面分散，管理调度难。作业点远离岸线，工程所用石料均需通过海上运输，需要结合潮位预报等合理安排施工进度和施工时间；另外，堤线长、船只多，需要对运输航线、进出码头施工船只进行高效调度管理。

3.2　施工进度

3.2.1　标段划分

（1）分标原则

为了高标准、高质量、高效率地推进工程建设，并综合考虑技术特点和经济性，根据以下原则进行工程施工标段划分：

①责任明确原则。承包商在质量和工期上尽可能不受设计单位或其他承包商工作进度的影响和制约。

②经济高效原则。业主加强对工程的管理，并通过充分市场竞价，更经济地进行工程发包。

③竞争协作原则。工程标的在市场上有一定数量的竞标对象，以便于形成适当竞争；在建设管理过程中，便于业主在质量、工期、成本、安全、环保

等方面协调各个标段承包商开展工作。

（2）分标方案

根据以上分标原则，本工程施工标段划分情况如表 3.1 所示。

表 3.1　工程分标情况

标段名称	设计单位	施工单位	监理单位	施工内容
I 标段	浙江省水利水电设计院	中交第三航务工程局有限公司	浙江水专工程建设监理有限公司	北堤和转弯段桩号 0+000 ～ 5+513、北 1# 闸、北 2# 闸
II 标段	浙江省水利水电设计院	浙江省围海建设集团股份有限公司	浙江水专工程建设监理有限公司	东堤桩号 5+513 ～ 11+800
III 标段	浙江省水利水电设计院	浙江省第一水电建设集团股份有限公司	浙江水专工程建设监理有限公司	东堤桩号 11+800 ～桩号 16+700、1 #隔堤
IV 标段	浙江省水利水电设计院	浙江省正邦水电建设有限公司	浙江水专工程建设监理有限公司	桩号 16+700 ～ 20+330、东 1# 水闸
V 标段	浙江省水利水电设计院	浙江省水电建筑安装有限公司	浙江水专工程建设监理有限公司	西河堤及排涝闸

3.2.2　关键工序

（1）海堤工程

海堤工程施工包括基础处理、堤身土石方填筑、防护工程、堤顶工程和施工期原型观测。其中，基础处理的主要工作包括土工布铺设、碎石垫层摊铺、插打排水板；堤身土石方填筑的主要工作包括土石方开采、土石方填筑、吹填沙、龙口合龙等；防护工程的主要工作包括大块石护脚、大块石理砌、混凝土灌砌石、混凝土格梁、砌石护坡、混凝土灌砌石挡墙、大块石理灌、混凝土扭王块施工、六角块施工；堤顶工程的主要工作包括挡浪墙、堤顶道路、细部构造等。

（2）水闸工程

水闸工程施工包括围堰工程、基础处理、混凝土浇筑和施工期原型观测。

其中，基础处理的主要工作包括土工布铺设、碎石垫层摊铺、插打排水板、桩基工程等；混凝土浇筑的主要工作包括上游连接段、消能防冲段、闸室和下游连接段混凝土施工。

3.2.3 进度控制

为了保证工程有序、按期推进，在工程实施过程中主要采取以下三方面措施：

①切实做好施工准备，一旦进入主体工程，就要能达到预期的高强度施工并顺利实现各控制节点目标。

②借鉴国内外建设经验，采用先进技术和高效施工设备组织施工，控制工期的关键项目，加大优势资源投入，确保施工进度。

③实行项目法人责任制、招投标制、合同管理制和工程建设监理制，引入市场竞争机制，建立巡查制度、每周工作例会制度、专题会议制度、奖惩制度等各项制度，进行科学管理，确保工程质量、进度，控制工程投资。

工程实施的关键节点进度安排如表 3.2 所示。

表 3.2　关键节点进度安排

名　称		开始时间	结束时间
1 北堤工程	1.1 基础处理	2013 年 9 月 21 日	2014 年 8 月 2 日
	1.2 堤身土石方填筑	2013 年 9 月 20 日	2019 年 4 月 26 日
	1.3 防护工程	2016 年 2 月 25 日	2019 年 6 月 28 日
	1.4 堤顶工程	2018 年 12 月 22 日	2019 年 6 月 28 日
	1.5 施工期原型观测	2014 年 4 月 15 日	2019 年 6 月 28 日
2 东堤工程	2.1 基础处理	2013 年 7 月 20 日	2015 年 8 月 31 日
	2.2 堤身土石方填筑	2014 年 5 月 13 日	2019 年 5 月 15 日
	2.3 防护工程	2015 年 3 月 24 日	2019 年 6 月 28 日
	2.4 堤顶工程	2018 年 8 月 30 日	2019 年 6 月 28 日
	2.5 施工期原型观测	2015 年 1 月 18 日	2019 年 6 月 28 日

续　表

名　称		开始时间	结束时间
3 西河堤工程	3.1 基础处理	2013 年 7 月 20 日	2014 年 9 月 9 日
	3.2 堤身土石方填筑	2014 年 3 月 7 日	2016 年 10 月 29 日
	3.3 防护工程	2015 年 6 月 15 日	2017 年 5 月 22 日
	3.4 堤顶工程	2016 年 4 月 24 日	2017 年 6 月 1 日
	3.5 施工期原型观测	2015 年 6 月 8 日	2017 年 7 月 14 日
4 北 1#、北 2# 闸工程	4.1 围堰工程	2013 年 7 月 20 日	2014 年 8 月 24 日
	4.2 基础处理	2014 年 11 月 20 日	2018 年 6 月 8 日
	4.3 混凝土浇筑	2015 年 9 月 21 日	2018 年 6 月 6 日
	4.4 施工期原型观测	2014 年 4 月 27 日	2019 年 6 月 28 日
5 东 1# 闸工程	5.1 围堰工程	2013 年 11 月 7 日	2016 年 5 月 21 日
	5.2 基础处理	2015 年 5 月 17 日	2016 年 7 月 5 日
	5.3 混凝土浇筑	2015 年 12 月 19 日	2017 年 8 月 22 日
	5.4 施工期原型观测	2014 年 10 月 12 日	2019 年 6 月 28 日
6 西河堤排涝闸工程	6.1 围堰工程	2013 年 7 月 20 日	2015 年 6 月 12 日
	6.2 基础处理	2014 年 12 月 24 日	2016 年 3 月 28 日
	6.3 混凝土浇筑	2015 年 9 月 6 日	2016 年 8 月 30 日
	6.4 施工期原型观测	2015 年 2 月 10 日	2017 年 7 月 14 日

3.3　海上交通

3.3.1　船型资料

温州市瓯飞一期围垦工程料场均位于海岛，通过船运的方式运至围堤抛填。根据水深条件、作业需求、施工强度的不同，配备相应数量的不同吨级施工运输船舶。同时，在施工期间还配备测量船、交通艇、插板船、铺布船、拖船等。部分船型资料如表 3.3 所示。

表 3.3　船型资料

船　　型	规格参数					
	吨　位 /t	船　长 /m	船　宽 /m	型　深 /m	满载吃水 /m	空载吃水 /m
甲板驳	1000	58	13.8	3.2	2.4	0.9
	2000	65	16.2	4.2	3.0	0.9
	3000	95	18.2	4.6	3.1	1.0
甲板驳	4000	96	11.5	5.0	3.8	1.1
自航开底驳	500	49.5	11.5	3.7	3.0	2.0
	1000	53.0	11.5	4.1	3.4	2.3
	1500	49.0	12.4	4.5	3.6	2.5
交通艇		25	4.5			2.3
插板船	1680	68.4	19.6	4.2		3.6
铺布船	1799	70.0	20.0	4.2		3.6

3.3.2　临时航线

海上交通共设置了 3 条临时航线：

临时航线 1：往返于霓屿山石料场施工码头和北堤施工现场，航线总长约 12.75 km，主航线水深 5.8 ～ 13.3 m，临时航线两端浅水段深约 1.8 m。

临时航线 2：往返于霓屿山石料场施工码头和东堤龙湾段与龙湾段隔堤施工现场。航线总长 14.69 km，主航线水深约 5.8 m，临时航线两端浅水段深约 3.7 m。

临时航线 3：往返于凤凰山石料场西北侧施工码头和 2# 隔堤施工现场。主航线水深约 4.3 m，临时航线两端浅水段深约 1.8 m。

3.3.3　施工锚地

共布置了 3 处临时候潮锚地，分别为霓屿山临时锚地、东堤临时锚地、凤凰山临时锚地。霓屿山锚地水深 4.6 m 以上，凤凰山临时锚地水深约 0 m，施工船舶连续锚泊，低潮位搁浅停泊。东堤临时锚地仅考虑候潮功能，锚地水深约为 3 m。

台风期间施工船舶必须到避风锚地避风，洞头中心渔港外的黑牛湾避风锚地距本工程较近，为施工船舶的首选锚地。乐清湾内的伏屿滩避风锚地、白溪港涂避风锚地位于乐清湾北部，作为本工程施工船舶避风备选锚地。瓯江口内和飞云江口内的锚地受桥梁、水域范围、距离等因素制约，作为小型施工船舶、测量船、交通船、拖轮等船舶的避风锚地。

3.3.4 码头泊位

霓屿一期料场码头布置了 9 个 1000 ~ 2000 吨泊位，霓屿二期料场码头布置了 22 个 2000 ~ 4000 吨泊位。

凤凰山一期料场布置有 5 个 1000 ~ 2000 吨甲板驳泊位、2 个 500 ~ 1000 吨开底驳泊位，凤凰山二期料场布置了 7 个 2000 ~ 4000 吨甲板驳泊位、2 个 1000 ~ 1500 吨开底驳泊位（见图 3.1）。

图 3.1 凤凰山料场码头泊位

3.4 施工布置

3.4.1 原料工厂

（1）预制场

预制场承担主体工程施工所需的混凝土扭王块制作，分别在丁山二期和天城围垦区内各布置1座预制场（见图3.2）。预制场占地450亩，由混凝土拌和系统、预制平台、成品堆场组成。

（a）

（b）

图 3.2　C30 扭王块预制场

（2）混凝土拌和系统

混凝土拌和系统主要负责海堤混凝土预制构件、混凝土格梁、灌砌石挡墙及护面、混凝土排水沟及混凝土防浪墙、堤顶施工所需混凝土的拌制。混凝土拌和系统主要采用固定式混凝土拌和站（HZF750 型混凝土搅拌站），设有 JZM350 型移动式混凝土拌和机作为补充。

（3）碎石料场

①霓屿山料场（见图 3.3），共分两期进行开采：一期料场作为促淤堤料场于 2011 年 9 月进场施工。二期料场于 2013 年 4 月 15 日进入实质性建设阶段，历时 35 个月，共形成 265 m、250 m、235 m、220 m、205 m、190 m、175 m、160 m、145 m、130 m、115 m、100 m、85 m、70 m 高程等 14 个开采平台，并完成边坡修复治理。按照开采设计、修建运输道路、排水沟、警示牌、避险车坑、安全土挡、太阳能路灯和部分行道树；建立集现场视频监控、自动计量、船只 GPS 跟踪于一体的综合管理系统；完成霓屿山 35 kV、10 kV 电力线路迁改工程；形成了月供 200 万吨、日供平均约 8 万吨的实际生产能力。

图 3.3　霓屿山料场施工现场

②凤凰山料场（见图3.4），共分两期进行开采：一期料场作为促淤堤料场于2011年11月进场施工。二期料场于2013年11月进入实质性建设阶段，形成了110 m、125 m、140 m高程的开采台阶和160 m以上覆盖层的剥离工作面；修建汽车修理厂、4台风力发电机、3座淡水池、电信基站等；环岛公路、太阳能风能综合路灯，形成了月供30万吨、日供1.5万吨的实际生产能力。

图3.4　凤凰山料场全景

3.4.2　供水系统

生活区生活用水取自自来水，混凝土拌和用水来自生活区及预制场中设立的水池，混凝土养护用水则用运水车运水。

霓屿山料场生活用水从当地自来水管网接入，利用船只运输淡水注入工地储水罐作为备用，施工用水则利用当地山塘水库存水。

凤凰山料场生活用水主要从陆地利用船只运输淡水注入工地储水罐备用，施工用水主要来自在矿区边界外挖设的集水坑。

3.4.3 供电通信

生活办公区：供电变压器，同时配备一套 75 kW 柴油发电机组作为备用电源。

施工临时区：施工机械修理厂、各加工厂、拌和系统、预制场、仓库等，从工程区附近 10 kV 线路中接电，配备一套 200 kW 柴油发电机组作为备用电源。

工程现场施工用电：海堤的基础处理施工机械由自带发电设备供电，其余小规模用电，包括移动式混凝土拌和站、混凝土浇筑、钢筋安装、模板安装等，采用柴油发电机组供电。

施工通信：生活区内建有光纤网络、数字通信电话，料场内建有电信通信站。

3.4.4 实验检测

瓯飞围垦工程一期（北片）实施过程中需要进行第三方检测的项目种类及数量繁多，为高效快速地反馈检测结果，在工程建设过程中设置现场实验室。实验室建筑面积为 30 m^2，占地面积为 50 m^2。现场实验室配有：数显式万能试验机、压力试验机、10 kN 拉力机、混凝土取芯机（含切割与打磨）、混凝土渗透仪、含气量测定仪（自读式）、回弹仪、混凝土泌水仪、贯入阻力仪、标准养护室控制仪器、液塑限测定仪、无侧限抗压仪等 90 余项设备。其中，主要设备清单如表 3.4 所示。

表 3.4　现场实验室主要设备清单

序　号	名　称	型号或规格	数　量	序　号	名　称	型号或规格	数　量
1	数显式万能试验机	WEW-1000	1 台	4	混凝土泌水仪	SY-2	1 台
2	压力试验机	YE-2000D	1 台	5	贯入阻力仪	0-1200N	1 台
3	10 kN拉力机	WDW-10	1 台	6	水泥负压筛析仪	FSY-150	1 台

序 号	名 称	型号或规格	数 量	序 号	名 称	型号或规格	数 量
7	混凝土取芯机	HZ-15	1台	21	水泥稠凝测定仪	0～70 mm	1台
8	混凝土渗透仪	HS-40	1台	22	水泥恒温养护箱	YH-40B	1台
9	含气量测定仪（自读式）	GQC-1	1台	23	水泥比重仪		1个
10	回 弹 仪	HT-225A	2个	24	水泥流动度测定仪	TZ-345	1个
11	雷氏夹	φ30×30	1个	25	厚度仪	YG141	1台
12	雷氏夹膨胀测定仪	LD-50	1个	26	排水板通水量仪	自制	1台
13	针片状规准仪		1个	27	土工布垂直渗透仪	自制	1台
14	压碎指标测定仪		1个	28	灌砂筒测定仪（含座板）	200/150 mm	2个
15	饱和面干试模及捣棒		1个	29	标准养护室控制仪器		1套
16	混凝土振动台	1 m²	1台	30	土工渗透仪		1台
17	混凝土搅拌机	JW50	1台	31	四联直剪仪		1台
18	坍落度筒		2个	32	液塑限测定仪		1台
18	容积升	1～50 L	1套	33	无侧限抗压仪		1台
20	相对密度仪	XD-1	1台	34			

4

围堰工程

4.1 围堰设计

4.1.1 设计标准

本工程共布置4座软基水闸，北1#闸为10孔×8 m，北2#闸为6孔×8 m+16 m，东1#闸为3孔×8 m，西河堤闸为7孔×6 m。主要建筑物级别为1级，按照《水利水电工程围堰设计规范》（SL 645—2013），围堰建筑物级别为4级，相应的围堰设计防潮标准取20年一遇。考虑围堰孤立于外海，为保证结构安全，按照建筑物级别为3级进行结构设计。

4.1.2 安全系数

（1）安全超高

根据《海堤工程设计规范》（GB/T 51015—2014）的规定，3级围堰建筑物堰顶度汛安全超高为0.70 m。

（2）计算工况

非常运用Ⅰ：遭遇20年一遇设计高潮位和同频率波浪时，允许围堰顶部有少量位移，但必须确保围堰整体安全。

正常运用：遭遇大潮平均高潮位和20年一遇平均波高时，要求围堰顶部基本不发生水平位移。

（3）安全系数

土石围堰和钢板桩围堰的安全系数如表4.1所示。

表 4.1　围堰设计安全系数

序　号	建筑物名称	计算内容	计算工况	允许最小安全系数
1	土石围堰	整体抗滑稳定	非常运用 I	1.10
2	钢板桩围堰	整体抗滑稳定	非常运用 I	1.10
		抗剪切变形稳定	正常运用	1.20
		钢板桩入土深度		1.35
		钢板桩抗滑稳定		1.30
		钢板桩抗倾稳定		1.50
		钢板桩刚度、强度		1.50

4.1.3　堰顶高程

围堰设计依照"挡潮不挡浪，允许越浪但须保证结构安全"的原则。根据《海堤工程设计规范》（GB/T 51015—2014）的规定，围堰顶高程按照度汛防潮标准的潮位加度汛安全超高确定，不计波浪爬高。本工程度汛潮位为 20 年一遇设计高潮位 4.79 m，加上度汛安全超高 0.7 m，确定围堰顶高程为 5.50 m。

4.1.4　断面结构

（1）北 1# 闸和北 2# 闸围堰

根据工程地质勘察成果，围堰施工区分布有深度超过 30 m 的淤泥，具有饱和、流塑和高压缩性等特点，受力范围内的地基土层结构分布如下：

①流泥，层厚一般为 0.3 ～ 0.5 m；

②III_0 层，淤泥，层厚一般为 2.00 ～ 2.50 m；

③III_1 层，淤泥夹粉砂、粉土，层厚一般为 5.00 ～ 6.50 m；

④III_2 层，淤泥，层厚一般为 14.00 ～ 16.00 m；

⑤III_3 层，淤泥，层厚一般为 3.00 ～ 5.00 m；

⑥IV_1 层，淤泥质黏土，层厚为 3.00 ～ 7.00 m。

围堰整体环形布置，设计轴线长 1533 m，圈围基坑面积 $1.45 \times 10^5 \, m^2$，围堰平面布置如图 4.1 所示[①]。

围堰两端布置两个 60 m 长的桩基抛石围堰段（人工岛），其余段采用双排钢板桩围堰。双排钢板桩围堰段两排钢板桩之间设置 44 道横隔钢板桩，间距约为 35 m，将内外两排钢板桩分割成 44 个隔仓。围堰顶宽 11.00 m，设计顶高程 5.50 m（以基坑侧钢板桩顶高程计），内外侧设置抛石镇压平台，平台高程 –0.5 m，外海侧平台长 24.50 m，基坑侧平台长 40.50 m。钢板桩采用 U 型冷弯钢板桩，单根长 27 m（外侧桩尖标高 –20.70 m，内侧桩尖标高 –21.50 m），截面模量为 3200 cm³/m。采用 Φ70 钢拉杆，间距 1.4 m（见图 4.2）。

（2）东 1# 闸围堰

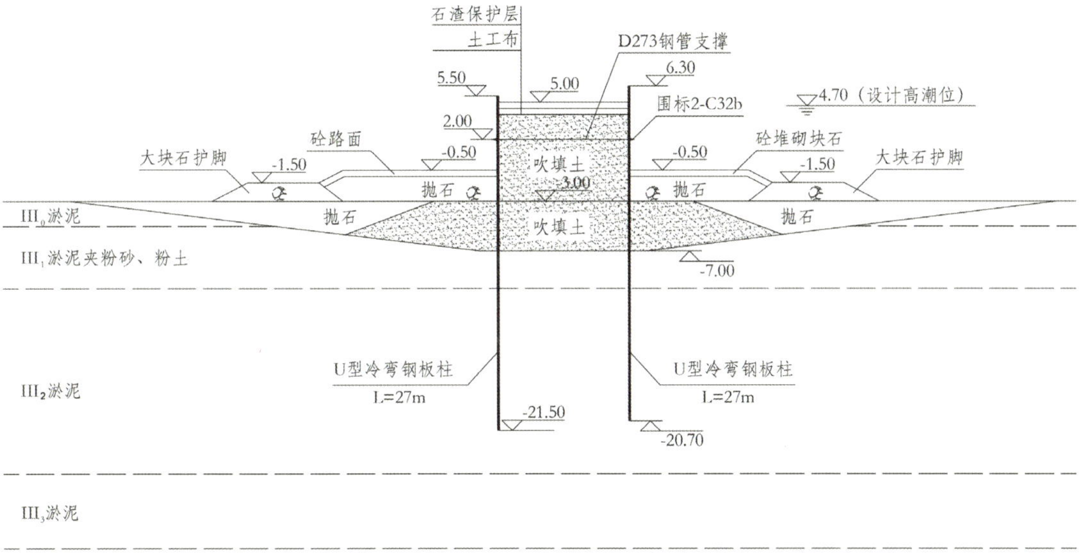

图 4.2 围堰典型断面

东 1# 闸围堰采用土石结构，轴线长 1303 m，围堰圈围基坑面积为 $3.3 \times 10^4 m^2$，围堰挡水高约 8 m，是浙江省在开敞式海域深厚软土地基条件下规模最大的土石围堰之一。

围堰施工时，远离陆地、四面环海，宛如一座孤岛，受风浪和台风影响显著。为确保围堰安全度汛，将海堤主体工程的扭王字块先期放置在围堰迎潮面防潮御浪，取得了良好的效果。

① 见书后图 4.1。

围堰填筑体物理力学参数如下：

①抛石体：重度 17.5 kN/m³，饱和重度 20.0 kN/m³；$c=0$ kPa，$\varphi=40°$。

②闭气土：重度 17.5 kN/m³，$c=4.0$ kPa，$\varphi=25°$。

③充砂管袋：重度 17.0 kN/m³，饱和重度 20.0 kN/m³，$c=0$ kPa，$\varphi=30°$。

围堰地基土层物理力学指标如表 4.2 所示。

表 4.2　东 1# 闸围堰地基土层物理力学指标

土层代号	土层名称	含水量 ω/%	湿密度 ρ/ (g.cm^{-3})	固结系数 C_v/ (cm²·s^{-1})	快　剪		固结快剪	
					凝聚力 c/kPa	摩擦角 φ/(°)	凝聚力 c/kPa	摩擦角 φ/(°)
III$_0$	淤泥	67.6	1.59	1.20×10^{-3}	3.0	3.3	6.0	12.0
III$_1$	淤泥夹粉土、粉砂	56.8	1.66	1.96×10^{-3}	4.0	5.3	6.1	13.3
III$_2$	淤泥	62.8	1.61	8.44×10^{-4}	8 (6.5)	5.2 (18.5)	8.1	12.9
III$_3$	淤泥	58.1	1.65	1.68×10^{-3}	12.5	6.3	14.0	11.5
III$_{Sis}$	粉砂、粉土夹淤泥	31.5	1.79	6.13×10^{-3}	5.0	16.0	5.2	18.0
IV$_1$	淤泥质黏土	41.0	1.77	1.67×10^{-3}	9.4	8.2	11.0	14.6
IV$_2$	粉质黏土	36.4	1.84	4.83×10^{-3}	15.2	10.5	18.5	15.5
IV$_3$	粉质黏土与粉土互层	26.6	1.93	7.33×10^{-3}	8.0	18.1	8.2	20.0
V	淤泥质黏土	35.9	1.85	3.95×10^{-3}	15.0	11.0	15.2	14.5

注：快剪括号中的数值为慢剪指标。

东 1# 闸土石围堰采用塑料排水插板法进行堰基处理，堰身和子堤采用抛石填筑，堰身与子堤之间采用料场覆盖层统料闭气，外海侧 0.00 m 高程至 −1.50 m 高程之间采用单块重量大于 500 kg 的大块石理抛护面，0.0 m 的镇压平台以上的护面型式为 0.20 m 厚石渣垫层加 0.50 m 厚灌砌块石，并设置 8 吨重的扭王字块进行保护。

围堰防浪墙顶高程 6.30 m，墙高 0.8 m，堰顶高程为 5.50 m，堰顶设总宽 5.0 m 厚 30 cm 的 C25 混凝土路面，如图 4.3 所示[1]。

4.2　钢板桩围堰施工

钢板桩围堰施工关键线路：基础处理→钢板桩打设→围檩及拉杆施工→仓内填土→两侧抛石镇压层施工→堰顶路面（护面）浇筑。

根据温州地区围垦工程施工经验，围堰施工时一个隔仓作为一个施工段，围堰施工的直线顺序为：基础处理→钢板桩打设→最后一个隔仓的围檩、拉杆及填土施工→堰顶路面（护面）浇筑。

4.2.1　基础处理

采用两艘 1600 m³/h 绞吸式挖泥船分段分层同时施工，每层开挖厚度不超过 2 m，从 –3.0 m 高程挖到 –7.0 m 高程，淤泥通过排泥管线排至远离围堰 1.5 km 外的区域。开挖同时采用 1500 吨自航式吸砂船回填砂，并采用开体驳进行局部细填。

4.2.2　钢板桩打设

围堰工程位于温州瓯江口西南侧，距离陆地约 3 km，为海上无掩护孤岛施工。传统的海上船吊振动锤打设钢板桩施工极易受到风、浪、潮的影响，打设过程中容易造成钢板桩锁扣咬死、垂直度难以满足设计要求等问题。

为解决上述不足，瓯飞一期围垦工程采用在海上制作打桩流动钢平台，然后用陆上履带式起重机吊振动锤进行围堰打设施工。钢平台法围堰打设技术对钢板桩垂直度和导向架精度控制非常有效，更易快速起吊桩体和打设桩

---

① 见书后图 4.3。

体，且基本不受潮水和风浪的影响，延长了作业时间，缩短了钢板桩围堰施工工期。本工程施工完成总工期约 13 个月，与同规模土石围堰相比，节约工期 20% ~ 30%。

（1）钢板桩吊运、堆放

①运桩（见图 4.4）。钢板桩均采用整根加工，最长 27 m。采用平板驳自带履带吊成捆运至钻机平台，卸载后要求钢板桩无锁口破裂、扭曲、变形等现象。

图 4.4　钢板桩运输

②吊桩。预先在靠近吊机一端桩头打两眼孔，然后缓慢单点起吊（见图 4.5 ）。

图 4.5　单点起吊

（2）打设导向架

打桩船抛锚定位后，在打设钢板桩之前打设导向架，导向架由导桩和导梁组成（见图4.6、图4.7）。

沿围堰轴线每隔14 m设置导桩，导桩采用500 mm×300 mm的H型钢，每组导梁打设4根导桩，以二跨的导梁为一个单元。每个单元长14 m左右，由内向外施工。在导梁上设置施工平台，以方便施工人员施工，在施工平台周围设置栏杆，以保障安全。

图 4.6　导向架制作

图 4.7　悬挂式导向架

（3）钢板桩平台

钢板桩平台宽度为 10.4 m、面标高 5.0 m、长 100 m。其上承受的荷载包括 2 台 50 ~ 70 吨履带吊机、钢板桩堆载 800 吨、施工荷载和平台自重等。施工中采用 Φ 530 mm（壁厚 16 mm）钢管作平台基础支撑桩，桩长 24 m，5 根 / 排，排内桩间距为 4.635 m，排架间距为 5.6 m。基础支撑桩上面铺设截面 400 mm×300 mm 的 H 型钢，平台面板采用 20 mm 厚的钢板（见图 4.8）。

图 4.8　钢板桩平台

（4）插打

导向架设置完成后，进行钢板桩打设。钢板桩打设采用船吊配合 DZ40 型振动锤施工。施工流程如下：

①在钢板桩端头两侧面对称设置吊装孔，并安装吊装钢板的主吊索；

②采用吊机垂直吊起钢板桩，并移至导梁上方，将钢板桩缓缓插入涂面；

③将振动锤的液压夹具夹紧钢板桩，连同振动锤一起吊起钢板桩直至钢板桩底端吊离涂面，保持钢板桩处于垂直状态，否则重复本次操作（见图 4.9）；

（a）

（b）

图 4.9　钢板桩插打

④移动或旋转吊车，将钢板桩移到设定位置，在导梁上施工人员的配合下，将钢板桩插入锁口；

⑤在靠导梁一侧安装限位器，使桩与导梁有约 5 cm 的间隙，再将稳桩杆件安装到平台上，使桩在轴线上相对固定（见图 4.10）；

图 4.10　限位器

⑥利用钢板桩自重进行下沉，保持钢板桩处于垂直状态，开启振动锤打桩，直至桩沉到比设定高程高约 1 m 的位置停止，转打下一根桩；

⑦若未发现有桩连带相邻钢板桩下沉，则将高出的桩一起复打至设计高程；若在打桩过程中发现有连带下沉，立即将该下沉桩在设计高程时与相邻钢板桩焊接；

⑧根据现场的实际尺寸加工制作拐角处导向桩，使拐角部位与直边顺利连接。

（5）钢围檩和拉杆安装

当一个隔仓的钢板桩插打完成后，进行该隔仓的围檩及拉杆施工。在钢板桩外侧布置施工配合船，堰体内设置安全木排。施工人员内外配合进行围檩和拉杆施工（见图 4.11、图 4.12）。

图 4.11　拉杆

（a）

（b）

图 4.12　钢围檩和拉杆

（6）高程 4.0 m 处钢支撑

通过吊机安装 H 型钢，人工将 D273.1 钢管按照间隔 4.2 m 焊接在 H 型钢上（见图 4.13）。

图 4.13　钢支撑

4.2.3　仓内填土

仓内山坡土回填（见图 4.14）采用 2000 吨平板驳运输、挖机倒运的方式施工，待山坡土回填达到设计标高 0.0 m 高程后再吹填砂；仓内吹填砂（见图 4.15）达到设计标高 4.5 m 高程后，人工铺设 160 kN/m 有纺土工布。

图 4.14　山坡土回填

图 4.15　仓内吹填砂

4.2.4　镇压层

（1）内外侧抛石回填

分别在围区内外侧配备甲板驳进行同步抛石作业，挖机整理。考虑预留沉降的因素，抛石至 0.5 m 高程（见图 4.16、图 4.17）。

图 4.16　内外侧抛石回填

图 4.17　镇压层抛石

（2）外侧混凝土灌砌石

灌砌块石按 80 cm 厚度控制，预留施工期沉降量 50 cm。开挖至 –0.80 m 高程后，利用挖机铺设石块。要求石块大头朝下摆放，块石间竖缝宽不小于 8 cm，错缝搭接。同时要求灌砌块石每隔 8 m，中间设 20 mm 分缝，各分缝对齐，灌砌石设置 PVC 排水孔，孔径（内径）110 mm，间距 3 m（见图 4.18、图 4.19）。

图 4.18　大块石护脚

图 4.19　大块石理砌

4.2.5　堰顶路面

采用自卸车配合挖机施工，车辆荷载不大于汽车 –5 级。内侧镇压层、混凝土路面采用人工立钢模，人工平板振动机振捣平仓浇筑（见图 4.20）。

图 4.20　内侧混凝土路面

4.2.6　围堰合龙

涨潮或退潮时外海侧水位变化较大，引起围堰内外水头差偏大，从而导致龙口流速快、冲刷大。在高速水流下持续冲刷，很容易造成钢板桩变形甚至倾覆。经结构安全复核，要求钢板桩围堰内外水位差不大于 1.4 m。

为达到上述目标，在围堰非龙口区设置导流段，将导流段内外侧钢板桩在多年平均高潮位附近切割成上、下两部分，形成梳齿槽导流通道（见图 4.21）。根据计算，共需设 12 个导流通道，每个通道高 2.0 m，同时需要在通道内侧铺设 160 kN/m 土工布，抛填 200 kg/ 袋的沙袋（见图 4.22）。

图 4.21　导流通道

图 4.22　导流通道防护

当导流通道正常工作后，选择在小潮汛低潮位进行龙口合龙，龙口合龙后立即对龙口钢板桩进行加固处理，安装拉杆、龙口段钢板桩两侧抛石镇压、仓内吹填砂（见图4.23）。

龙口合龙完成后，选择在小潮汛的低潮位进行导流段合龙，并及时进行焊接和堵漏处理。为减少焊缝处渗水量，在钢板桩截断衔接处加设橡胶止水带，并在钢板桩焊接完成后，在其外侧采用钢板焊接固定。

图4.23　导流段钢板桩闸门合龙

4.3 东 1# 闸土石围堰施工

4.3.1 基础处理

在处理区涂面上先铺放一层 50 kN/m 的有纺土工布，再在其上铺设厚 80 cm 的碎石垫层，然后进行排水板打设，排水插板间距 1.4 m，正方形布置，在碎石垫层顶面铺放一层 120 kN/m 的有纺土工布，进行堤身抛石。

4.3.2 土石围堰闭气

东 1# 闸围堰按设计图纸要求，闭气土采用凤凰山料场的山坡土，经船运再转驳，由汽车运至施工区域填筑。但实际施工时，填筑的山坡土很大一部分被潮水带走，剩下的是高含砂量的混合料，基本上达不到闭气的效果。为此，经现场施工技术人员研究，采用组合断面（见图 4.24）进行施工，该组合断面的关键工艺技术特点如下：

①水闸围堰子堤顶高程以下采用滩涂泥，原材料具有明显的优势，即滩涂泥经历的沉积时间长，具有高黏聚性和闭气性；工程施工中可以就地取材，不仅能有效提高机械化施工水平，还可以有效降低施工成本。

②充砂管袋成型好、施工快，叠加后既能闭气又能作为挡土墙，可以有效防止因下部涂泥松软而产生滑坡。

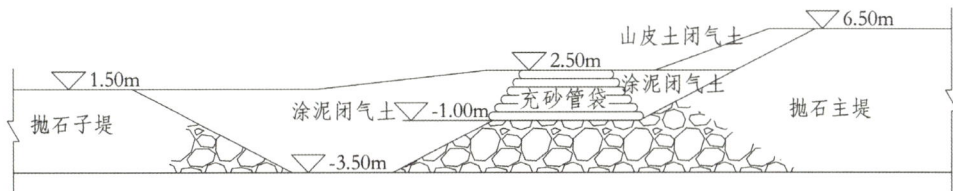

图 4.24 东 1# 闸围堰闭气土组合断面示意

施工过程如图 4.25 所示。

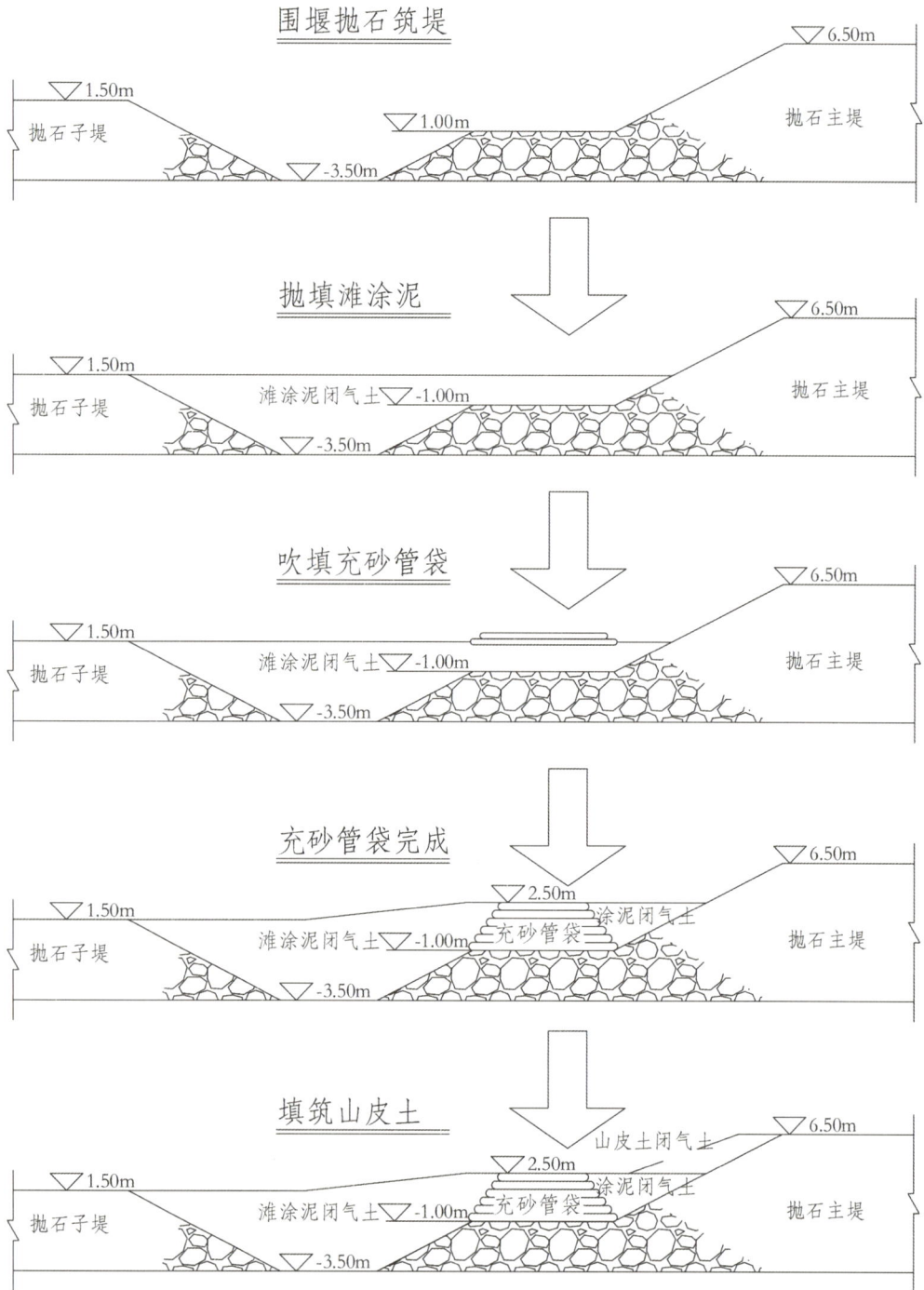

围堰抛石筑堤

▽6.50m
▽1.50m
抛石子堤
▽1.00m
▽-3.50m
抛石主堤

抛填滩涂泥

▽6.50m
▽1.50m
抛石子堤
滩涂泥闭气土 ▽-1.00m
▽-3.50m
抛石主堤

吹填充砂管袋

▽6.50m
▽1.50m
抛石子堤
滩涂泥闭气土 ▽-1.00m
▽-3.50m
抛石主堤

充砂管袋完成

▽6.50m
▽2.50m
▽1.50m
抛石子堤
涂泥闭气土
充砂管袋
滩涂泥闭气土 ▽-1.00m
▽-3.50m
抛石主堤

填筑山皮土

▽6.50m
山皮土闭气土
▽2.50m
涂泥闭气土
充砂管袋
▽1.50m
抛石子堤
滩涂泥闭气土 ▽-1.00m
▽-3.50m
抛石主堤

图 4.25　组合断面施工过程示意

组合断面施工关键步骤如下：

（1）铺设 400 g/m² 无纺土工布

闭气土 1.5 m 高程以下部分滩涂泥抛填前先铺设 20 cm 厚石渣垫层再铺设 400 g/m² 无纺土工布，既可作为反滤层又能部分起到防冲刷作用。

（2）抛填滩涂泥闭气土

滩涂泥闭气土用开底驳船抛填，遵循"先深后浅、先点后线、低潮位抛深部位、高潮位抛浅部位"的原则，逐步向围堰龙口退出（见图 4.26）。

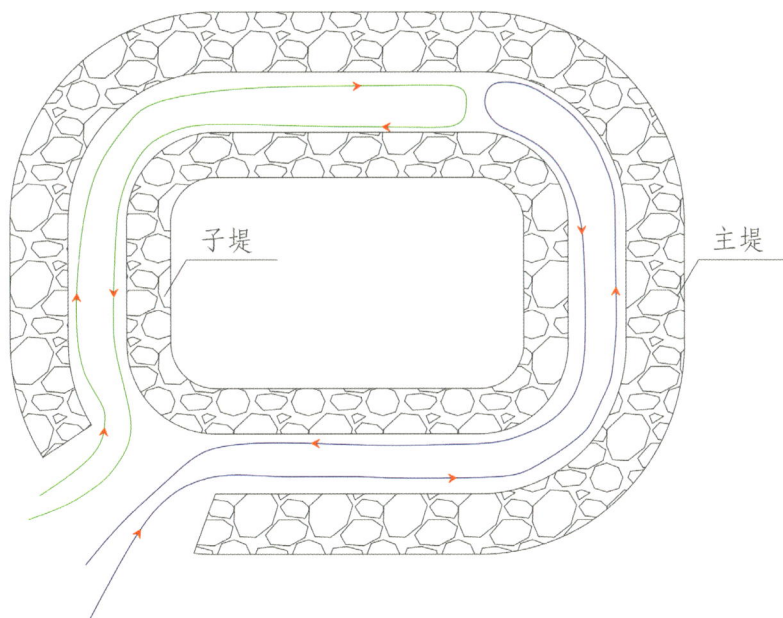

图 4.26　抛填路线示意

（3）围堰龙口合龙

开底驳船将 1.5 m 高程以下部分滩涂泥抛填完成后立即将龙口合龙，避免潮涨潮落将闭气土从龙口带走。

（4）充砂管袋吹填

围堰龙口即将合龙时即着手进行管袋吹填，吹填时需注意如下事项：

①第1层管袋（见图4.27）须准确定位到围堰主堤内侧镇压平台位置，因沙袋底部为滩涂泥，充砂时须保证整个沙袋均匀加厚，避免底部受力不均造成管袋飘移或不均匀沉降。

图 4.27　第 1 层充砂管袋

②第2层管袋每侧比第一层缩进50 cm（见图4.28），充砂时保持整个沙袋均匀加厚并根据沙袋沉降情况不断校核微调沙袋位置和局部充砂厚度，确保管袋整体均匀下沉，避免因沙袋不均匀沉降而造成管袋倾覆。

图 4.28　充砂管袋挡土心墙

（5）山坡土填筑

由于下部是较软的滩涂泥，上部山坡土分层填筑并适当拍实，填筑到 ▽ 6.5 m 高程后适当碾压，然后将边坡修整成型（见图 4.29）。

图 4.29　山坡土回填

（6）围堰排水

当山坡土填筑至高潮位以上时，围堰内部开始逐步排水。

4.4　运行监测

4.4.1　钢板桩围堰监测内容

钢板桩围堰监测内容主要包括桩顶位移、桩体变形（测斜）、桩体应力、侧向土压力、围堰外侧孔隙水压力、钢拉杆轴力、围檩应力、围堰内水位、围堰内土体沉降、围堰镇压层沉降（见图 4.30 ~ 图 4.33，表 4.3）。

图 4.30　测斜管安装

图 4.31　应变计安装

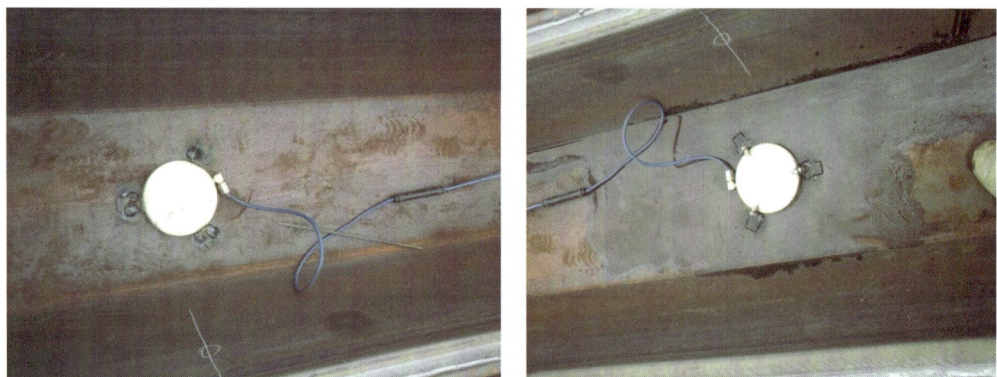

图 4.32　土压力计安装

图 4.33 测力计安装

表 4.3 监测内容汇总

序　号	监测项目	完成数量 / 个	备　注
1	桩顶位移	38	
2	桩体变形（测斜）	15	Φ70 mmPVC 带十字导槽的测斜管
3	桩体应力	42	国产 YBJ-4058 型振弦式钢结构表面应变计
4	侧向土压力	37	国产 TYJ-2020 型加保护膜的振弦式土压力计
5	外侧孔隙水压力	18	国产 KYJ-3030 型振弦式孔隙水压力计
6	钢拉杆轴力	44	国产 GJJ-1011 型振弦式测力计
7	围檩应力	33	国产 YBJ-4058 型振弦式钢结构表面应变计
8	堰内水位	4	Φ70 mm PVC 带滤网式水位管
9	堰内土体沉降	10	
10	镇压层沉降	36	

4.4.2 监测数据分析

钢板桩围堰监测仪器于 2014 年 4 月 22 日开始埋设，根据施工进度，逐步埋设观测仪器并立即进行观测。

（1）桩顶位移

内排桩顶累计沉降量为 328 ～ 660 mm，沉降速率为 0.2 ～ 0.6 mm/d；外排桩顶累计沉降量为 348 ～ 602 mm，沉降速率为 0.2 ～ 0.7 mm/d。

（2）桩体变形（测斜）

桩体最大累计位移量为 234.5 ~ 981.7 mm，桩体水平位移主要发生在 0.0 m 高程以上，呈现较强的"上大下小"分布规律，最大累计水平位移量发生外排钢板桩 4.5 m 高程处，其值为 981.7 mm，位移变化速率为 0.13 ~ 0.90 mm/d。

桩体的最大曲率为 17.86 ~ 80.53。由于上部钢板桩前期主要处于悬臂状态，位移变化较大，桩体曲率值较大，最大曲率基本上发生在 0 ~ 3.5 m 高程范围内。0 m 高程以下桩体曲率均较小。

（3）桩体应力

钢板桩施工过程中发生变形后，桩体受力分布不均匀。总体来看，上部桩体受力大于下部桩体，最大桩体应力主要发生在 –1 ~ 4 m 高程。

（4）侧向土压力

钢板桩施工过程中桩体发生不均匀变形后，内侧钢板桩土压力计埋设于基坑侧，外侧钢板桩土压计埋设于仓内侧，仓内吹砂填筑后，上部桩体侧向土压力增大，下部钢板桩在施工过程中变形量小且土体地质较差，侧向土压在 40 kPa 以下。

（5）外侧孔隙水压力

围堰外排钢板桩受到的孔隙水压力最大在 20 kPa 左右，钢板桩在施工过程中孔隙水压力基本没有发生变化，且相对于其他各项监测数据其对钢板桩稳定性的影响微弱，桩体始终处于稳定状态。

（6）钢拉杆轴力

钢板桩围堰经过堰内抽水、抽真空及仓内吹砂一系列施工过程，钢拉杆轴力逐步增大，最大拉力为 986.64 kN，发生在拉杆下部。下部承受的拉力要大于上部的压力，这说明拉杆此时的弯矩较大。

（7）围檩应力

围檩最大应力主要以受压为主且多集中在两侧翼缘处，表明双排钢板桩变形时，导梁承受一定的压力。同时结合钢拉杆轴力数据，可以说明随着拉杆应力增加，围檩应力也逐渐增加。

（8）堰内土体沉降

钢板桩仓内回填砂累计沉降量为 900 ~ 1558 mm，各仓监测点平均沉降速率为 0.1 ~ 0.6 mm/d。随着钢板桩桩体变形趋向稳定，围堰回填砂沉降速率逐渐减小。

（9）围堰镇压层沉降

钢板桩内侧镇压层累计沉降量为 624 ~ 1542 mm，下游对应镇压层的沉降量大于上游，主要受下游防冲槽开挖影响，各监测点沉降速率为 0.2 ~ 0.9 mm/d。

钢板桩外侧镇压层累计沉降量为 154 ~ 484 mm，沉降速率为 0.1 ~ 0.4 mm/d，堰内真空预压过程外排钢板桩与镇压层产生的裂缝已稳定，外侧镇压层无抬起现象。

5 海堤工程

5.1　海堤设计

5.1.1　设计标准

（1）防洪（潮）设计标准

北堤工程设计标准与飞云江和瓯江堤防设计标准一致，为 100 年一遇设计高潮位加同频率风浪爬高；东堤防洪（潮）标准为 50 年一遇，允许部分越浪。东堤结构安全按 1 级建筑物设计，即可通过后期加高等常规工程措施使东堤达到 100 年一遇设防标准。

（2）排涝标准

围区用于高涂养殖，排涝标准为 10 年一遇三日暴雨四天排出。

5.1.2　堤顶高程

根据潮位、波浪要素，结合不利方向风速、波浪，依据《海堤工程设计规范》（GB/T 51015—2014）和《浙江省海塘工程技术规定》，在允许越浪情况下，最终确定海堤堤顶高程。

对图 5.1 中的计算区域采用基于有限体积法的平面二维波浪潮流泥沙模型进行分析，分析中考虑近岸波浪传播过程中的折射、绕射、浅化、风能输入、底摩擦、破碎、三相波与四相波非线性效应现象，同时与波浪模型试验数据比对，计算得到设计波浪下的越浪量满足《浙江省海塘工程技术规定》规定的最大允许越浪量 0.05 $m^3/(s·m)$ 的要求。各海堤堤顶高程见表 5.1。

表 5.1　海堤波浪爬高和堤顶高程

堤　段	护面型式	潮位 /m	风浪爬高 /m	安全超高 /m	计算值	设计取值	
					防浪墙顶高程 /m	防浪墙顶高程 /m	堤顶路面高程 /m
北　堤	灌砌块石	5.44	2.08	0.5	8.02	8.00	7.40
东　堤	扭王块	5.16	2.55	0.5	8.21	8.80	7.80

5.1.3　基础处理

地质勘察报告表明，本工程海堤地基为高含水量、高压缩性、高灵敏度、低强度的淤泥，工程地质条件差，需进行基础加固处理。

经比较，本工程采用塑料排水板法进行基础处理。在基础处理区涂面上先铺放一层 50 kN/m 有纺土工布，再在其上铺设厚 100 cm 的排水碎石垫层，然后进行 C 型塑料排水板插设，插设间距为 1.2 m，正方形布置，最后在碎石垫层顶面铺设一层 TG200/PP 土工格栅，子堤为在碎石垫层顶面铺设一层 160 kN/m 有纺土工布。

5.1.4　海堤结构

根据当地材料、工程地质条件，海堤结构采用土石混合堤，该堤型具有抵御风浪、潮水冲击性能好和适于海浪条件下施工等优点。根据地质条件、涂面情况和工程开发目标，拟定三种海堤断面结构形式进行比较，即斜坡式，（如图5.1 所示[1]）组合式（如图 5.2 所示[2]）、和宽平台直墙式（如图 5.3 所示[3]）。

斜坡式海堤的主要特征是迎水面坡度较缓，反射波小，大部分波能在斜坡上消耗，堤身与地基接触面积大，对软弱地基适应性好。其主要缺点是堤身填筑材料较多。

组合式海堤为上部陡墙式、下部斜坡式、中间带平台的复式断面。海堤断面较小，波浪爬高小，堤身高程低，越浪量相对较小，但变坡折角处波流流态混乱，需要加强保护。

宽平台直墙式海堤迎潮面采用双直立墙，设置两级长度较长的消浪平台，可以兼作交通道路，同时也有利于设立亲水平台型景观。宽平台式海堤消浪效果好，但由于大部分波浪在镇压层后部及一级挡墙间破碎，波浪对一级挡浪墙的冲击较大，波浪退水时负压大，因此一级挡墙的重量应足够大，且挡墙底板的宽度也应足够长。

基于上述技术对比，本工程采用组合式断面结构形式。

---

[1] 见书后图 5.1。

[2] 见书后图 5.2。

[3] 见书后图 5.3。

5.2 基础处理

5.2.1 土工布铺设

（1）技术要求

土工布铺设要求平顺，松紧适度，并与滩涂面密贴，相邻土工布片块搭接宽度不小于 1.0 m，按布的纵向垂直堤坝轴线铺设，土工布在垂直堤轴线方向上严禁搭接。铺设过程如有损坏处，必须修补或更换。本工程基础处理中采用的有纺土工布技术指标如表 5.2 所示。土工布在加工厂用高强度锦纶线包缝，每道线为丁缝法双排缝接，缝接宽度大于 20 cm，缝纫针迹距 13 针 /10 cm，土工布接缝强度不低于母材。

表 5.2　50kN/m 有纺土工布主要技术指标

项　目	指　标	备　注
断裂强度	$\geqslant 50$ kN/m	（经向）
	$\geqslant 35$ kN/m	（纬向）
断裂延伸率	$\leqslant 25\%$	（经纬向）
CBR 顶破强力	$\geqslant 4.0$ kN	
垂直渗透系数	$>1.0 \times 10^{-3}$ cm/s	

（2）铺设工艺

①深水区船抛土工布铺设。建立 GPS 差分基准中心和事后处理分系统，在土工布专用铺设船上建立移动定位分系统（活动台）。土工布固定在铺布船滚筒上，并借助船上吊机下沉至涂面，铺设船后退铺布（见图 5.4、图 5.5）。

图 5.4　大型"铺布船"铺设 50 kN/m 有纺土工布

图 5.5　海堤基础铺设 50 kN/m 有纺土工布

②人工侯潮铺布。选择潮水退到水深0.5 m左右时开始人工顺风向铺设，土工布垂直于堤轴线方向摊开，用1.5～2 m长毛竹桩固定，毛竹顶端用50 cm横杆固定。铺设平顺、松紧适度，形成折皱并保持松弛状（约占总面积的5%），以适应变形，同时，土工布应与滩涂面密贴，搭接宽度不小于50 cm。铺设完毕后，及时抛填压载物（碎石或抛石统料），压实整块土工布（见图5.6）。

图5.6　人工铺布

5.2.2　碎石垫层抛填

（1）技术要求

碎石要求新鲜坚硬、无风化，岩石软化系数不小于0.80，饱和抗压强度不小于60 MPa。碎石最大粒径小于12 cm，含泥量不超过5%。碎石垫层填筑厚度1 m，应抛投均匀。

（2）抛填工艺

以每艘船作为一个施工班组进行施工段长度划分，运用 GPS 水平姿态仪和定位系统进行抛石船海上定位，并确定外海侧和内海侧的抛填边界。先填筑外海侧，再填筑内海侧。抛填过程中对每条船的抛填边界数据进行监控、校核、调整。

抛石船移动范围、移动速度等施工参数根据东海预报中心对潮水的预报成果，通过试验确定；抛填面积根据 120 m³ 底开式泥驳装 90 m³ 碎石抛填后，能够保证碎石垫层厚度为 100 cm 的要求确定；抛填质量采用水下仪器、辅以潜水员人工检测碎石投抛的厚度和平整度等指标来控制。

5.2.3 塑料排水板插打

（1）技术要求

施工过程中保证塑料排水板的插入深度符合设计要求，平面定位位置偏差在 ±50 mm 内，回带长度 ≤ 50 cm 且回带的根数不超过打设总根数的 5%，垂直度偏差 ≤ 1.5%，露出碎石垫层长度 ≥ 20 cm。本工程基础处理中采用了 C 型塑料排水板，其主要技术指标如表 5.3 所示。

表 5.3 C 型塑料排水板主要技术指标

材　料	项　目	指　标
复合体	宽度	100 ± 2.0 mm
	厚度	$\geqslant 4.5$ mm
	纵向通水量	$\geqslant 40$ cm³/s（侧向压力为 350 kPa）
	复合体抗拉强度	$\geqslant 1.5$ kN/10 cm（干态，延伸率为 10% 时）
板　芯	抗压屈强度	>350 kPa
滤　膜	滤膜质量	$\geqslant 90$ g/m²
	滤膜抗拉强度	纵向 $\geqslant 30$ N/cm（干态，延伸率为 10% 时）
		横向 $\geqslant 25$ N/cm（湿态，延伸率为 15% 时）

（2）插打工艺

运用 GPS 水平姿态仪和定位系统进行插板船海上定位、绞锚机修正船体位置，配备监控专员进行船位计算机监控，确保系统定位精确。根据塑料排水板的间距进行排水板桩位划分。塑料排水板打插时，约每 30 min 复核船体定位位置，确保施工时塑料排水板桩平面位置准确。通过振动锤振动沉管将排水板插入基础土中。沉管桩尖设有桩靴，桩靴可回位并可重复使用。当塑料排水板插至预定高程后上拔沉管时，桩靴自动打开保护门，将排水板留在涂泥里。根据潮位和涂面高程调整剪板机高度，以控制留置排水板长度。当塑料排水板剪断以后，桩靴立即关闭排水板头保护装置（见图 5.7、图 5.8）。

图 5.7　双体船定位

图 5.8　排水板插打

5.2.4 土工格栅铺设

（1）技术要求

本工程基础处理中采用了 TG200/PP 土工格栅，其技术指标如表 5.4 所示。

表 5.4　TG200/PP 土工格栅技术指标

项　目	TG200/PP 指标
拉伸强度	≥ 200 kN/m
2% 伸长率时的拉伸强度	≥ 70 kN/m
5% 伸长率时的拉伸强度	≥ 120 kN/m
标称伸长率	≤ 10%
材质	聚丙烯

（2）铺设工艺

单幅土工格栅宽度为 3.0 m，每 8 卷格栅连接成 1 片，小卷之间搭接宽度为 10 ~ 15 cm，采用单断面双向在陆地上连接成卷。土工格栅铺设需要 1 条定位船、1 条铺设船。定位船采用 500 吨自航甲板驳，铺设船采用前文所述的土工布铺设船。定位船和铺设船呈对面定位，并均抛八字锚。土工格栅径向平行于堤的宽度方向。在格栅的端线上每间隔 50 cm 绑扎 1 个碎石袋，移动铺设船下沉格栅。每展铺 20 m 格栅，设置一个浮漂（见图 5.9）。

图 5.9　土工格栅拼接

5.3 堤身填筑

5.3.1 技术要求

堤身抛填块石采用天然混合级配石料，石料新鲜完整，饱和抗压强度不小于 40 MPa，含泥量小于 10%。海堤面层抛大块石要求采用新鲜完整、无风化龟裂、抗海水腐蚀性好的大块石，岩石饱和抗压强度不小于 60 MPa。

5.3.2 堤身抛石

-1.0 m 高程以下采用船抛石方。传统施工方法一般采用插竹竿法或水上浮标法来标识抛石边界。前者因海上潮差大，竹竿极易被潮水冲走；后者由于受风浪的影响，浮标漂移，导致实际抛填区域边界与设计抛填区域边界偏差很大。本工程采用 GPS 水平姿态仪船舶定位技术，分区块抛填施工工艺，有效地解决上述难题，具体施工工艺流程如下：

施工准备→GPS 定位系统确定施工区域控制网→初步校核 GPS 水平姿态仪→将船只平面尺寸及抛填边界输入 GPS 水平姿态仪→ 运用 GPS 定位系统对每条船只的抛填边界进行校核、调整→抛填船只分区分块抛填（见图 5.10 ~ 图 5.13 ）。

抛填所用的石料从料场由汽车装 1500 吨甲板驳，候潮运到施工区域，先抛内外海侧镇压层，再抛堤芯。退潮后按设计断面整平、修坡，局部欠缺处采用毛竹标杆标志，待涨潮后用小型甲板驳进行补抛。预先划分施工区域完成施工后，对抛填面进行测量检查，堤身欠缺处采用 300 吨甲板驳补抛，另外在沉降基本稳定后再进行一次补抛。

-1.0 m 高程以上采用汽车陆运抛填。候潮船将石料运至 15 个临时转泊点，车辆距离转泊点的最大运距为左右各 700 m。5 个标段同时施工，每标段配备 30 辆自卸汽车，单日最大抛填石料约 10 万吨。

在工程施工中采用 GPS 水平姿态仪定位技术，有效地解决了海上抛填区边界标识及石料精确抛填的技术难题，运输船只工效提高了 50%，减小了海抛施工误差及原材料损耗，减少了海堤的不均匀沉降。精确均匀的抛填减少了后期抛填料顶面平整机械设备的投入，仅该项就节约机械支出近 150 万元。采用分区块抛填，降低了浪、潮对内海侧海堤施工的影响，延长了内海侧海堤的作业时间。

图 5.10　石料运输船

图 5.11　海堤抛石填筑

图 5.12　海堤堤身抛石转运

图 5.13　陆运抛石整平

5.3.3 堤身抛石质量控制

（1）加荷速率控制

加荷速率以日沉降量和水平位移值为主要控制参数，以地基孔隙水压力为辅助控制参数。具体控制如下。

①垂直沉降量

a.填筑顶高程 0.0 m 以下，单日沉降速率 ≥ 30 mm/d，应停止加荷；连续 5 天平均沉降速率 ≤ 15 mm/d，允许加荷；

b.填筑顶高程 0.0 ~ 2.5 m 之间，单日沉降速率 ≥ 25 mm/d，应立即停止加荷；连续 5 天平均沉降速率 ≤ 10 mm/d，允许加荷；

c.填筑顶高程 2.5 m 以上，单日沉降速率 ≥ 20 mm/d，应立即停止加荷；连续 5 天平均沉降速率 ≤ 5 mm/d，允许加荷。

②水平位移控制值

插板处理区：最大水平位移 ≤ 10 mm/d；

非处理区：最大水平位移 ≤ 5 mm/d。

③超静孔隙水压力控制指标

超静孔隙水压力系数控制在 0.6 以内，超出时应停止加荷并分析原因。

（2）分段分层施工

根据设计断面要求进行分段分层划分，船抛石方一般遵循"自低向高，分层加荷"的原则。

分段：将海堤工程划分为若干个施工段进行船抛石方，鉴于先行施工的内外海侧镇压层会挤压中间软土地基进而加速软土地基固结，为使其有较多的固结时间，各段施工长度设计为 700 ~ 1000 m。

分层：考虑坝体沉降与加荷稳定问题，采取分级加载施工，各级加载高度在 1.5 ~ 2.0 m 之间，加荷过程中定期对地基沉降进行观测，并适时调整加荷进度。

5.3.4　堤身闭气土方施工

在第一层抛石完成后开始闭气土方施工（见图 5.14），按"薄层轮加、均衡上升"的原则分层梯级推进，每级再按厚度为 30 ~ 50 cm 的薄层分层填筑。

平均潮位以下，闭气土方用抓斗船和自航开底驳组合施工。平均潮位以上，闭气土方用抓斗船、开底泥驳配合桁架式筑堤机抛填，施工时先利用自航开底驳将土方倒运至海堤子堤内侧坡脚线附近，再由桁架式筑堤机把土方二次抛填至闭气土方区。

图 5.14　桁架进行闭气土方施工

5.4　防护工程

5.4.1　迎水面大块石理灌

迎水面镇压层采用大块石理灌护面。先进行护面结构理砌（见图 5.15），理砌平均厚度不小于 80 cm，要求块石中 50% 的单块质量不小于 800 kg，且最小块石重不小于 400 kg。大块石理砌完毕后，对护面结构进行全面检查。

沿堤轴线与垂直堤轴线方向，每 6 m 一个单元，5 m 范围内的大块石用 C20 细石混凝土灌缝（见图 5.16），另外 1 m 作为排水带，以保证一定的透空率。排水带内不灌缝的单块块石重量必须大于 800 kg，有且仅有一侧被灌 C20 细石混凝土。自块石底面往上灌细石混凝土厚度 60 cm，C20 细石混凝土经振捣密实后最多低于块石顶面约 20 cm，允许偏差 −5 cm，即低于块石顶面 15 cm。灌缝振捣密实后，保证块石露面并清扫干净（见图 5.17）。

　　大块石理砌灌混凝土与传统混凝土灌砌块石护面相比，适应变形能力强、透水率高、消浪与抗风浪能力强、混凝土用量少；与常规"块石护面"相比，大幅提高抗风浪能力、大幅减少对规整厚重大块石料的依赖，提高了块石料的利用率。混凝土面低于块石面 20 cm，既保证护面结构安全又呈现了理砌的美观效果。

图 5.15　迎水面大块石理砌

图 5.16　迎水面大块石灌砌

图 5.17 理砌、灌缝完成后镇压层护面

5.4.2 混凝土扭王字块制作

扭王字块具有稳定性好、抗冲刷能力强、消能效果好、自重大的特点，能增加建筑物的耐久性，一般应用在防波堤、护岸、拦沙堤、导流堤等水利工程护面结构上，其主要功能是消浪和护面。

扭王字块为多面体异型结构，预制块体表面易出现漏浆、麻面、气泡等表面缺陷，为确保预制块体质量，控制模板质量尤为重要（见图 5.18）。模板由两片立模及胎模组成，模板主要采用 6 mm、12 mm 两种材质钢板，共有 62块小板块拼成板面，板面背侧设置横竖边助，两片模板对拼采用螺栓连接，拼缝处镶嵌橡胶条止浆。

图 5.18 扭王字块模板及预制块体

模板制作工艺如下：

① 6 mm 厚钢板采用"打坡口"制成小板块，有效控制组拼板面的阳角缝（见图 5.19）。

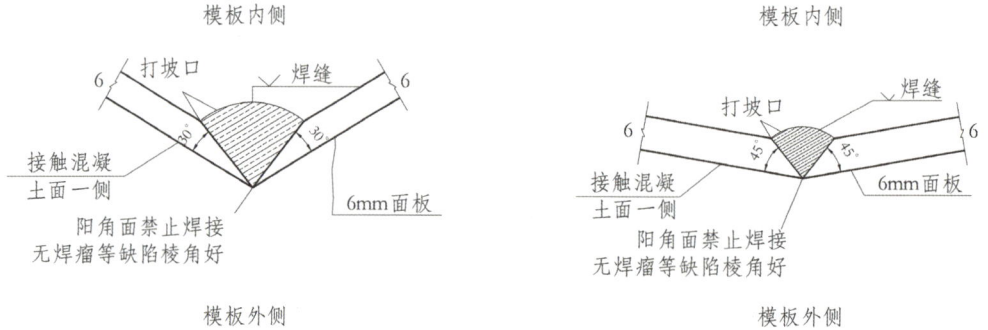

图 5.19 "打坡口"板块组拼焊接示意

②两片模板在拼接处采用"子母口"形式，可使预制块棱角分明，线条美观（见图 5.20）。

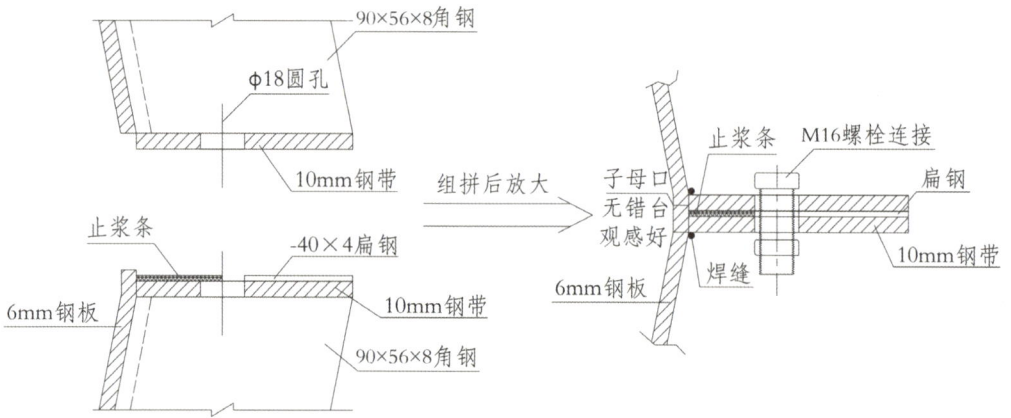

图 5.20 "子母口"模板对接示意

③采用橡胶垫为扭王字块的底模，既便于员工操作，又可以解决底部漏浆问题。

④模板制作过程中预留封头点（见图 5.21），减少拆模时间。

扭王字块预制采用人工分层浇筑（见图 5.22）、插入式振捣棒振捣。每层厚度不大于 50 cm，振捣器插入下层混凝土 5 ~ 10 cm。混凝土强度达到 2.5 MPa 进行拆模。拆模后的扭王字块，用油漆喷涂浇筑日期及编号如图 5.23 所示。混凝土强度达到设计强度的 70%，使用 25 吨汽车吊和平板车运至指定的贮存场堆放，堆放时摆放 2 层（见图 5.24）。

图 5.21 预留封头点

图 5.22 扭王字块浇筑

图 5.23　扭王字块取芯检测

图 5.24　扭王字块堆放

5.4.3　迎水面混凝土扭王字块安装

扭王字块由 40 吨平板车运输到海堤吊装施工现场后，采用 80 吨履带吊进行吊装，采用规则勾连方式安放，块体摆放密度约为 32 块 /100 m², 安装过程如图 5.25 ~图 5.27 所示。

图 5.25　扭王字块安装

图 5.26　扭王字块安装位置微调

图 5.27　外海侧扭王字块安装完成

5.4.4　堤顶工程

　　本工程北堤内侧，设有 26 m 宽的高等级道路，经技术经济比较，选用固化土作为高等级公路路基，确保在满足防渗要求的基础上，符合高等级道路的整体稳定性和强度要求。堤顶防浪墙（见图 5.28）采用 C30 钢筋混凝土，采用反弧线整体式模板进行施工。

图 5.28　防浪墙钢模板立模

5.5 龙口合龙

5.5.1 龙口布置

瓯飞一期围垦工程（北片）面积6.64万亩，采用1条隔堤将围区分为2个小片区，引入"分片防护"的概念，分散并降低防潮风险，同时设置2个龙口进行度汛，每个围区作为一个独立的片区，每个小龙口堵口不受其他小围区施工进度的影响。

5.5.2 龙口设计标准

本工程主要建筑物级别为1级，龙口度汛标准采用汛期20年一遇高潮位4.79 m及其典型潮型，堵口合龙标准采用非汛期10年一遇高潮位4.02 m及其典型潮型。

5.5.3 堵口时机

根据工程施工总进度安排、水文潮汐条件、堵口前后的工程量及施工强度等综合考虑，先后选择2016年12月22日（农历十一月廿四）和2017年3月7日（农历二月初十）分别对两个龙口截流。

在截流之前，以非汛期10年一遇高潮位4.02 m为控制标准，非龙口段海堤堤身石方顶高程达到5.00 m，土方闭气顶高程达到4.00 m。

5.5.4 龙口度汛水力分析

龙口度汛水力计算主要是通过大范围平面二维数学模型研究龙口附近的涨落潮水动力因素，分析龙口库内外的潮水位变化过程、龙口附近的大范围流场及流速分布等，并通过改变龙口宽度、深度等做比较，提出优化方案，为龙口防护提供相应的水力参数。

根据龙口水利条件，为减小龙口流速防止冲刷和简化保护措施，采用"宽浅式"度汛龙口型式，控制涨落潮流速在 4.5 m/s 左右。为防止水流冲刷龙口，采用塑料排水插板法进行龙口基础处理，并采用块重 300 kg 以上的大块石对龙口底槛进行护底，护底厚度为 1.00 m 左右，不考虑水闸泄流。

经水力模型计算，涨落潮时龙口外缘流速较均匀，龙口水流集中，龙口附近形成一股楔形水流且龙口两侧出现回流区；龙口在不同底槛高程、不同口门宽度条件下，由于围堤的阻挡，口门外水体交换较快，口门内水体交换较慢，口门处的流速总体上表现为涨潮时流速较大、落潮时流速较小的变化规律；龙口流速随龙口缩小、底槛高程增加而增大。

一般来说，龙口宽度越小、底槛高程越高，流速越大。通过分析计算，当底槛高程增加 0.50 m 时，龙口宽度需增加 100 ~ 200 m，才能满足 4.5 m/s 流速的要求。考虑到龙口宽度越大后期龙口合龙立堵工程量越大，且立堵水利条件与平堵水利条件相比较差，施工难度较高，因此选定龙口底槛高程为 –1.00 m。在选定龙口底槛高程为 –1.00 m 的条件下，控制涨落潮流速在 4.5 m/s 左右，在 20 年一遇度汛潮型下，经比较分析，合适的龙口宽度为 900 ~ 1000 m。

5.6　原位监测

5.6.1　监测内容

海堤原位监测包括地表沉降断面观测和主控断面监测。其中，主控断面监测包括地基分层沉降监测、水平位移监测、水位监测、地基十字板强度测试、地基孔隙水压力监测。

①北堤、东堤、1# 隔堤及 2# 隔堤沿堤线每 300 m 设一个地表沉降观测断面。北堤、东堤及 2# 隔堤每个断面设 5 个地表沉降观测点，分别为外海侧镇压平台（高程 0.5 m）设 1 个观测点（ET1），外海侧消浪平台（高程 4.5 m）设 1 个观测点（ET2），堤顶路面（高程 7.8 m）设 1 个观测点（ET3），内坡闭气土平台（高程 4.5 m）设 1 个观测点（ET4），子堤（高程 1.5 m）设 1 个

观测点（ET5）。1# 隔堤未设置子堤，每个断面设 4 个地表沉降观测点，如图 5.29 所示[1]。

②原位观测主控断面布置在北堤 3+260 m、4+200 m，东堤 6+300 m、8+400 m、10+500 m、12+900 m、15+000 m、17+100 m、19+200 m，1#隔堤1+160 m、2+120 m，2# 隔堤 1+100 m、2+740 m。每个断面除沉降测点外，分别布设分层沉降 3 孔，孔隙水压力计 24 支，测斜管 2 孔，水位管 1 处，十字板测试 9 孔。

项目总共布置沉降板 403 块，分层沉降 39 孔，孔隙水压力计 312 孔，测斜管 24 孔，水位管 13 处，十字板测试 117 孔。

地表沉降、分层沉降、孔隙水压力、深层水平位移、水位的监测频次要求：在填筑加荷期，每天至少监测 1 次；在施工间歇期，荷载停歇 3 天内，每天监测 1 次，3 天后视监测结果，根据沉降速率及孔隙水压力消散情况，每 3 ~ 15 天监测 1 次。

5.6.2　加载控制标准

在海堤施工过程中，按照以下标准控制加载节奏。

①在填筑高程 0.0 m 以下时，若单天沉降速率 ≥ 30 mm/d，立即停止加载；若连续 5 天平均沉降速率 ≤ 15 mm/d，允许加载。填筑高程在 0.0 ~ 3.0 m 时，若单天沉降速率 ≥ 25 mm/d，立即停止加载；若连续 5 天平均沉降速率 ≤ 10 mm/d，允许加载。填筑高程 ≥ 3.0 m 时，若单天沉降速率 ≥ 20 mm/d，立即停止加载；连续 5 天平均沉降速率 ≤ 5 mm/d，允许加载。

②水平位移控制指标：在插板处理区，最大水平位移 ≤ 10 mm/d；非处理区，最大水平位移 ≤ 5 mm/d。

③超静孔隙水压力控制指标：超静孔隙水压力系数控制在 0.6 以内。

5.6.3　观测资料分析

（1）地表沉降

自 2013 年 11 月开始观测，到 2019 年 6 月为止，沉降观测成果见如表

---

[1] 见书后图 5.29。

5.5 和图 5.30 ~ 图 5.33 所示。

表 5.5　地表沉降观测成果

区　段	桩　号	测　点	累计沉降量 /mm	沉降速率 /（mm/d）
北　堤	0+000 ~ 4+300	ET1	1407 ~ 2122	0.36 ~ 0.55
		ET2	2116 ~ 3211	0.56 ~ 0.96
		ET3	2208 ~ 3242	0.59 ~ 0.97
		ET4	1611 ~ 2016	0.49 ~ 0.65
		ET5	1085 ~ 1597	0.36 ~ 0.53
东　堤	4+300 ~ 5+513	ET1	1599 ~ 2181	0.45 ~ 0.65
		ET2	2932 ~ 3150	0.83 ~ 0.96
		ET3	3003 ~ 3215	0.86 ~ 0.89
		ET4	1867 ~ 1982	0.55 ~ 0.63
		ET5	1167 ~ 1471	0.44 ~ 0.54
	5+513 ~ 11+800	ET1	857 ~ 1978	0.42 ~ 0.62
		ET2	2532 ~ 3797	0.65 ~ 1.17
		ET3	2628 ~ 3805	0.62 ~ 1.08
		ET4	1675 ~ 2345	0.51 ~ 0.65
		ET5	967 ~ 1853	0.39 ~ 0.57
	11+800 ~ 16+700	ET1	1562 ~ 2085	0.47 ~ 0.63
		ET2	3120 ~ 3678	0.83 ~ 1.10
		ET3	3075 ~ 3770	0.81 ~ 1.02
		ET4	1535 ~ 2351	0.55 ~ 0.65
		ET5	1298 ~ 1756	0.46 ~ 0.58
东　堤	16+700 ~ 20+330	ET1	1401 ~ 2410	0.49 ~ 0.65
		ET2	2542 ~ 4035	0.85 ~ 1.03
		ET3	2584 ~ 4010	0.83 ~ 1.02
		ET4	1624 ~ 2664	0.57 ~ 0.67
		ET5	1263 ~ 2002	0.48 ~ 0.60

各观测断面堤顶累计沉降量最大，沉降量呈现"中间大两边小"的规律；桩号 0+000 ~ 3+260 段在原促淤堤基础上进行施工，沉降量与沉降速率明显小于其他断面，堤顶沉降量小于其他断面 500 mm 左右。

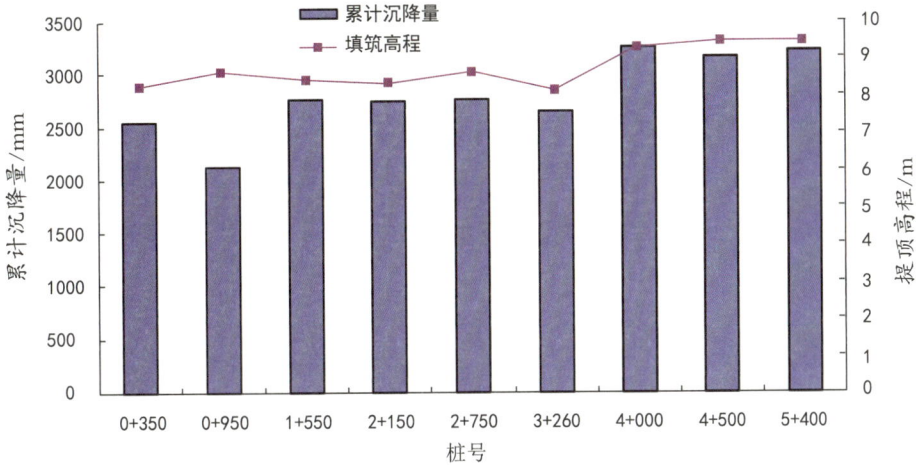

图 5.30　东堤典型断面堤顶沉降量、加载高程关系（1）

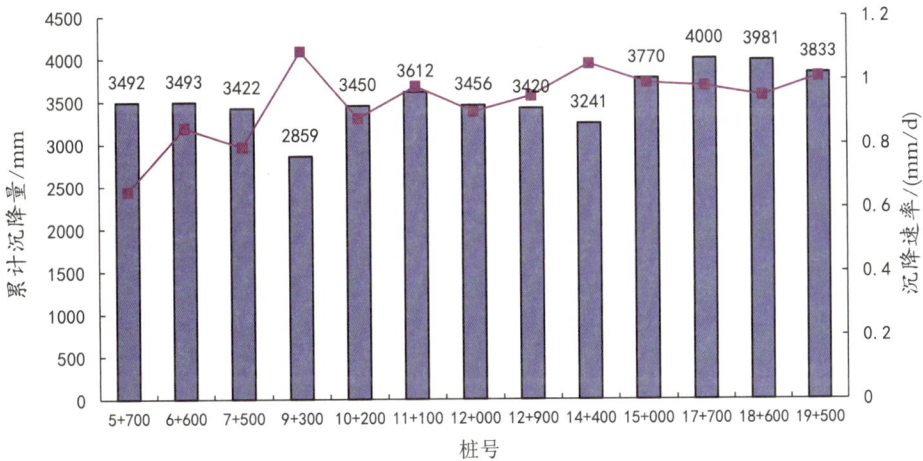

图 5.31　东堤典型断面堤顶沉降量、加载高程关系（2）

日期

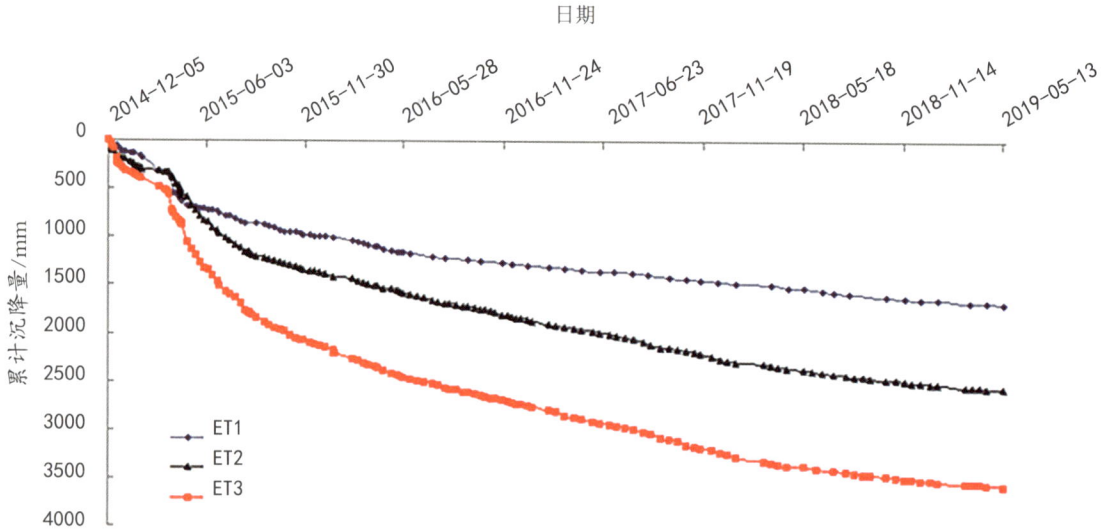

图 5.32　桩号 1+160 断面测点沉降与时间过程曲线

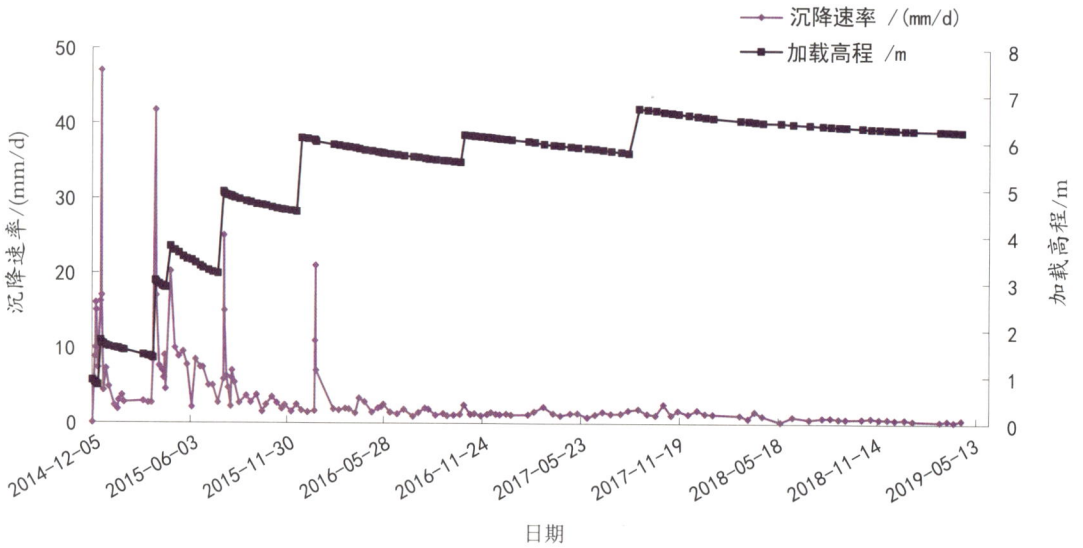

日期

图 5.33　桩号 1+160 断面 ET3 加载—沉降速率时间过程线

（2）水平位移

在各级荷载作用下外海侧测点的水平位移均向外海；由于受堤身抛石和闭气土方施加的影响，内海侧测点的水平位移在堤身抛石时向内海变化。

海堤外海侧地基的水平位移主要呈现"上大下小"的分布规律。最大累计向外海侧水平位移387 mm。在加载初期，由于土体的承载力较低，其水平位移较大。

主堤8+400与12+900断面的水平位移过程线如图5.34（a、b）所示。

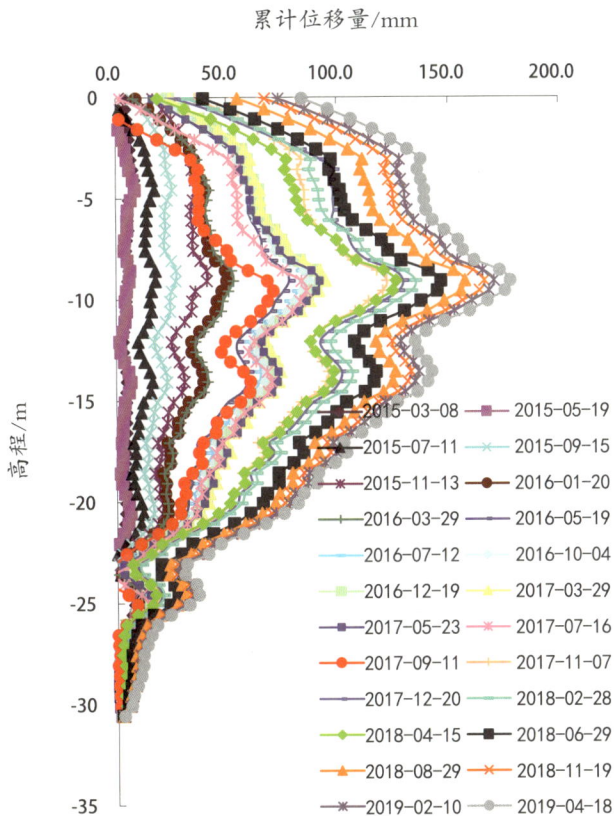

深层土体水平位移图
8+400断面

（a）

累计位移量/mm

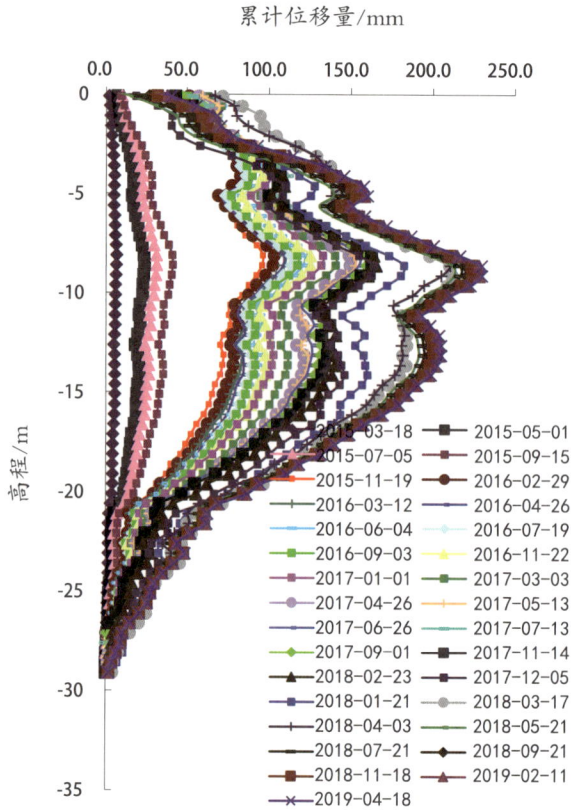

深层土体水平位移图
12+900 断面

（b）

图 5.34　主堤 8+400 与 12+900 断面的水平位移过程线

（3）超静孔隙水压力

从主控观测断面孔隙水压力过程线（见图 5.35、图 5.36）来看，孔压曲线能比较灵敏地反映荷载变化，荷载增加，孔隙水压力增加，荷载停止，孔隙水压力开始消散；同时可以看出由于抛石加载所引起的超静孔隙水压力得到消散，地基的固结度增长。

孔隙水压力过程线
6+300 断面

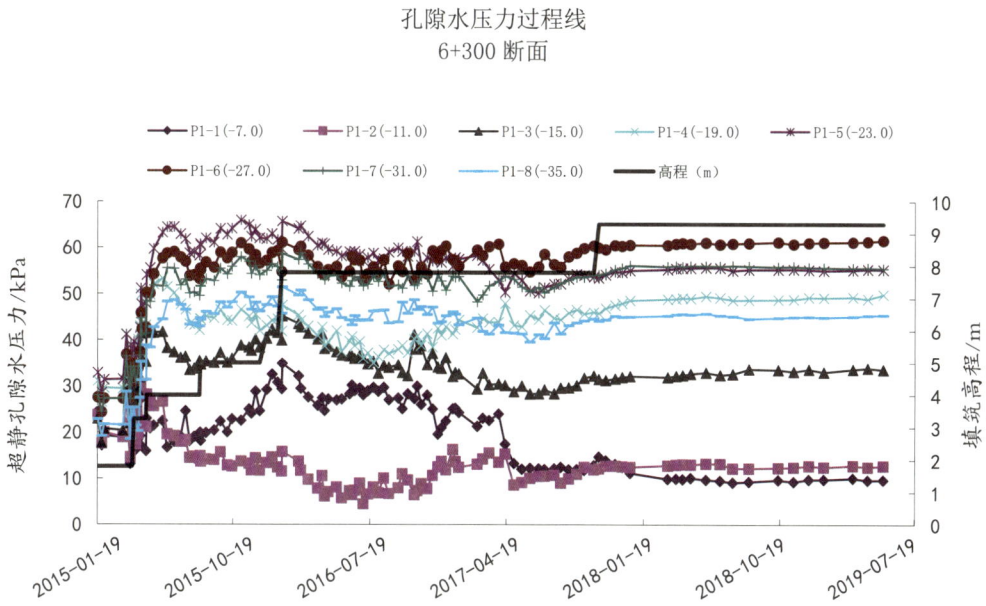

图 5.35　6+300 测点实测超静孔隙水压力与时间过程线

孔隙水压力过程线
10+500 断面

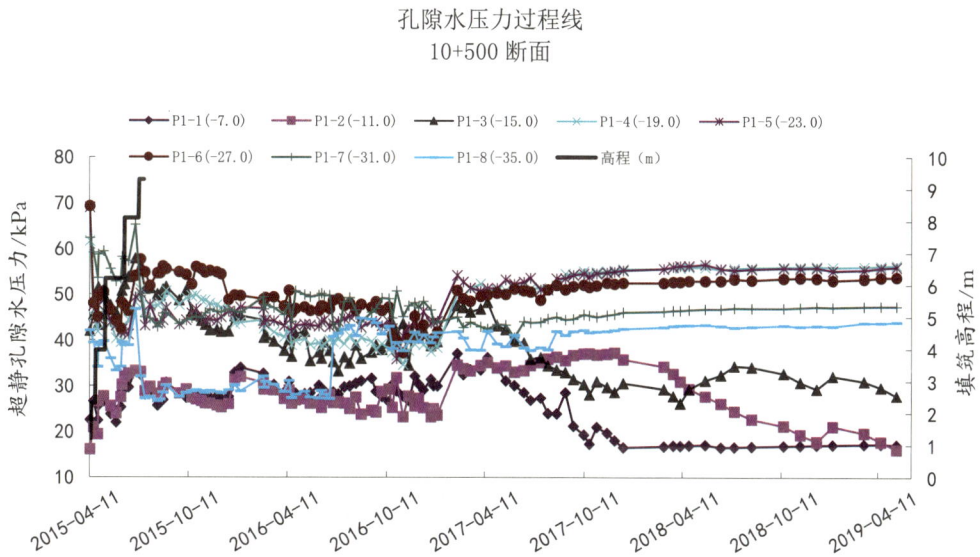

图 5.36　10+500 测点实测超静孔隙水压力与时间过程线

（4）分层沉降

从堤顶分层沉降过程线（见图 5.37、图 5.38）来看，各分层的沉降曲线具有相似的规律，越到地基深部，沉降量越小。地基土的变形以表层最大，主要发生在涂面下 30 m 范围之内，即排水板处理深度的区域，同时沿深度增大及附加应力的减小，地基的压缩量也自上而下逐步减小；在涂面下 10 m 范围内，土体在荷载的作用下产生的竖向压缩变形是最大的。地基土的主要沉降量发生在排水板处理的范围之内，说明排水板的加速固结沉降作用显著。

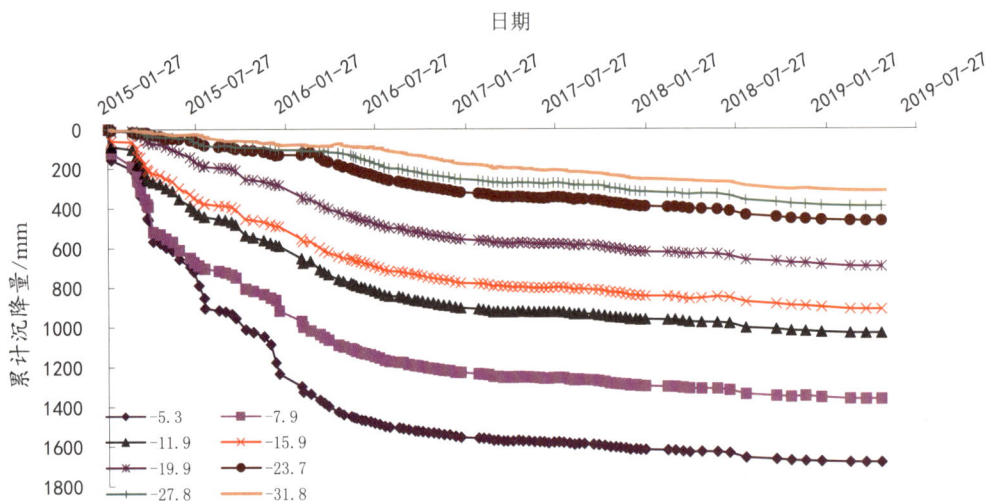

图 5.37　8+400 测点分层沉降与时间过程线

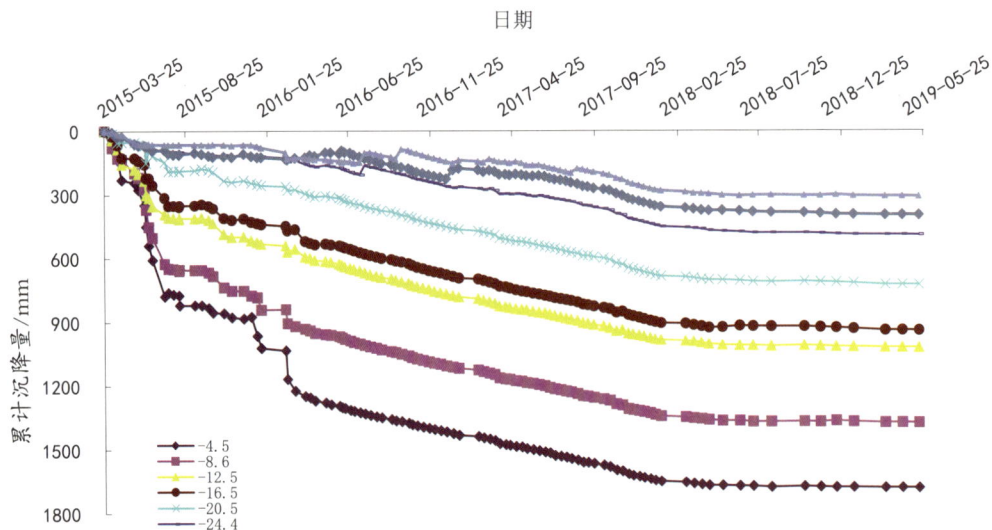

图 5.38　19+200 测点分层沉降与时间过程线

106

（5）十字板强度

在主控断面地基处理前后进行十字板强度测试对比，测试点选取在海堤堤轴线位置，加载前测试时间为 2014 年 5 月，加载后测试时间为 2017 年 12 月，C_u 值与高程 H 的回归方程如表 5.6 所示。

表 5.6　主断面加固前后 C_u 值统计

断面名称	加固前 /kPa	加固后 /kPa
4+200	$C_u=-1.129H+6.8672$	$C_u=-1.274H+23.842$
8+400	$C_u=-1.154H+6.5956$	$C_u=-2.047H+36.976$
12+900	$C_u=-1.183H+5.9421$	$C_u=-1.978H+35.526$
15+000	$C_u=-1.155H+6.0394$	$C_u=-1.920H+36.089$
19+200	$C_u=-1.132H+8.3629$	$C_u=-1.662H+26.569$
2# 隔 1+100	$C_u=-1.071H+6.9668$	$C_u=-1.700H+28.430$

对比地基处理前后的地基强度变化，可以看出排水板处理区的地基土强度有明显增长（见图 5.40、图 5.41）。

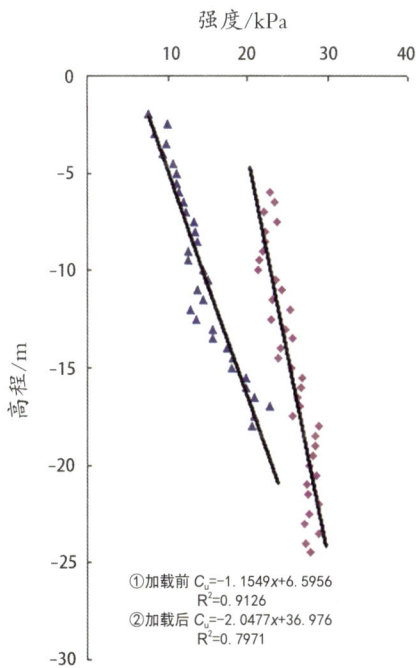

①加载前 $C_u=-1.1549x+6.5956$
　　$R^2=0.9126$
②加载后 $C_u=-2.0477x+36.976$
　　$R^2=0.7971$

图 5.40　4+200 十字板强度曲线

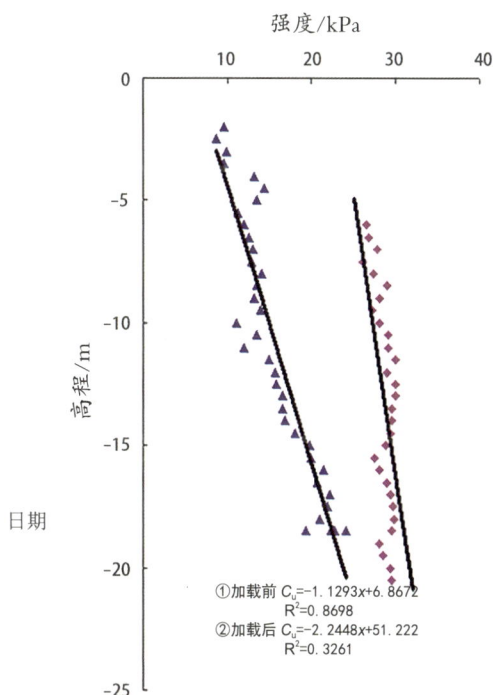

①加载前 $C_u=-1.1293x+6.8672$
　　$R^2=0.8698$
②加载后 $C_u=-2.2448x+51.222$
　　$R^2=0.3261$

图 5.41　8+400 十字板强度曲线

6

水闸工程

6.1 水闸设计

6.1.1 设计标准

工程等别为 I 等，主要建筑物海堤的级别为 1 级，北堤工程设计标准为 100 年一遇，东堤工程设计标准为 50 年一遇，西河堤工程设计标准为 50 年一遇，北 1# 闸、北 2# 闸、东 1# 闸、西河堤闸设计最大排涝流量分别为 1240 m³/s、1016 m³/s、501 m³/s 和 498 m³/s。设计排涝标准均为 50 年一遇。

6.1.2 水闸工程布置

（1）北 1#、北 2# 闸工程布置

北 1# 闸、北 2# 闸及通航孔主要由闸室、上下游连接、基础处理及回填平台等建筑物组成（见图 6.1 ~ 图 6.8）。

①闸室布置。北 1# 闸闸室采用胸墙式结构，闸室全长 22 m，闸室净宽 80 m（10 孔 × 8 m），上下游闸墩墩头均采用流线型，总宽度 100 m，闸底高程为 −2.00 m。北 2# 闸闸室采用胸墙式结构，闸室全长 22 m，排涝闸室净宽 48 m（6 孔 × 8 m），总宽度 60.0 m，闸底高程为 −3.00 m。

②闸室上下游连接。北 1# 闸闸室上游接 25 m 长的 C40 钢筋混凝土消力池，两侧为 C40 钢筋混凝土空箱式翼墙。消力池上游接 C30 钢筋混凝土护坦，护坦上游为 C20 混凝土灌砌块石护坦，C20 混凝土灌砌块石护坦上游再接抛石防冲槽，槽后以 1 : 10 斜坡接围区排涝河道。

闸室下游设综合消力池，一级消力池长为 25 m，二级消力池长为 18 m，消力池末端均设消力坎。消力池下游设 35 m 长的 C20 混凝土灌砌块石海漫，灌砌块石海漫下游为抛石防冲槽，槽后以 1 : 5 斜坡接下游涂面。下游二级消力池末端设防冲板桩。

北 1# 闸下游、北 2# 闸左岸下游均采用无翼墙布置形式。北 1# 闸下游消力池两侧设坎，左岸直接与北堤以抛石圆锥护坡相连。

　　北 1# 闸右岸岸墙与北 2# 闸左岸岸墙之间，采用四段空箱相连，每段空箱长度为 25 m，宽度为 17.6 m。空箱底高程 –3.00 m，顶高程与岸墙一致为 10.0 m。

　　③回填平台。为便于闸室管理房和周边附属设施的布置，在闸室上下游两侧分别回填出不同高程的平台，交通桥上游翼墙两侧，回填高程 7.00 ～ 4.50 m 放坡后，形成高程 7.00 m 和 6.00 m 的平台，在真空预压的基础上，采用抛石回填。交通桥与闸室之间，由于防渗要求，采用固化土回填，回填高程 6.00 m 及 5.00 m。

　　④基础处理。闸室及通航孔底板设防渗钢板桩，防渗钢板桩采用 Z 型冷弯钢板桩，装配成锯齿形。闸室基础以及闸堤连接范围，均采用真空预压处理。

图 6.1　北 1# 闸外海侧

图 6.2　北 1# 闸围区侧

图 6.3　北 1# 闸闸室

图 6.4　北 2# 闸外海侧

图 6.5　北 2# 闸围区侧

图 6.6　北 2# 闸闸室

图 6.7　北 1# 闸闸桥

图 6.8　北 2# 闸闸桥

（2）东 1# 闸工程布置

①闸室布置。闸室采用与海堤堤顶对齐的胸墙式结构。闸室全长 22 m，闸室总宽度 30 m，总净宽 24 m，共 3 孔，每孔净宽 8.0 m，闸底高程为 −3.0 m（见图 6.9）。

②上下游连接。闸室上游接 24.8 m 长的 C40 钢筋混凝土消力池，消力池上游接 C25 混凝土护坦。两侧空箱翼墙，高程 5.3 m。护坦上游 C20 混凝土灌砌石护底，护底上游再接抛石防冲槽，两侧为高程 5.3 ~ 4.0 m 的空箱翼墙。

闸室下游设综合消力池，第一级消力池长 25 m，第二级消力池长 25 m，消力池下游设 10.0 m 长的 C25 钢筋混凝土护底和 15 m 长的 C20 混凝土灌砌块石海漫，灌砌石海漫下游端为抛石防冲槽。下游二级消力池末端和防冲槽内侧均设防冲板桩，上下游均采用 C40 钢筋混凝土空箱翼墙。

③基础处理。闸室、岸墙及上下游两侧翼墙基础均为深厚的淤泥质土，均采用 $\Phi80C30$ 钢筋混凝土钻孔灌注桩进行基础处理，桩长 54 m、50 m 不等。

图 6.9　东 1# 闸

（3）西河堤排涝闸

①闸室布置。闸室采用箱涵式整体结构，闸室全长 10 m，闸室总宽 54.8 m，总净宽 42 m，共 7 孔，每孔净宽 6.0 m，闸底高程为 –2.0 m。

②上下游连接。闸室上游接 15.0 m 长的 C25 钢筋混凝土护坦，护坦上游接 10 m 长的抛石防冲槽，槽后接围区排涝河道。两侧为 C30 钢筋混凝土空箱式翼墙。

闸室下游接 15.0 m 长的 C30 钢筋混凝土消力池，消力池后接 10 m 长的 C25 钢筋混凝土护坦，护坦后接 15 m 长的灌砌块石海漫，后接 10 m 长抛石防冲槽。

③基础处理。水闸基础采用真空联合堆载预压进行前期处理，处理范围为闸中心线左右两侧各 64.4 m、闸上游 46.8 m 以及闸下游 69 m 范围，总面积 14915 m²，处理深度 15 ~ 27 m。处理完毕后再对闸室及翼墙采用钢筋混凝土钻孔灌注桩进行基础处理，钻孔灌注桩桩径 1.0 m，设计桩长 32 m。

（4）通航孔

北 2# 闸设置通航孔，主要由闸室、上下游连接、基础处理及回填平台等建筑物组成。

通航孔闸室结构长 71.8 m，左侧是排涝闸边墩相邻的导航墩，右侧为空箱结构中间挖空，作为三角闸门开启时的门库（见图 6.10）。

闸室上游设两幅平移钢质活动桥，活动桥下基础为四个空箱，上游设 25 m 长的 C40 消力池，接 15 m 长的 C25 混凝土护底，最后接 20 m 长、0.5 m 厚的 C20 混凝土灌砌块石，以 1 ∶ 20 接到高程 –4.0 m 的上游抛石河床。

下游设 25 m 长的 C40 消力池，接 10 m 长的 C25 混凝土护底，再接 15 m 长、0.5 m 厚的 C20 混凝土灌砌块石海漫，以 1 ∶ 15 接到高程 –4.0 m 的抛石防冲槽，海漫末端设 C30 混凝土防冲板桩，深 15 m。

图 6.10 通航孔

6.1.3 水工模型试验

水闸水工模型采用正态模型，几何比尺 Lr=50。北 1#、北 2# 闸模型（见图 6.11）范围为闸上水库取约 600 m，左右宽约 800 m，闸下长度方向约 500 m，左右宽度约 800 m。东 1# 闸模型（见图 6.12）范围取闸上河道 300 m，闸下约 300 m，左右宽度约 500 m。

图 6.11　北 1#、北 2# 闸模型照片

图 6.12　东 1# 闸模型照片

水工模型试验主要对排涝布局、水闸规模、河网河道规模、闸上配套河道规模、东 1# 闸纳潮能力、闸室排涝能力、闸下消能、口门动床冲刷、闸下冲淤等方面进行试验研究。

（1）排涝布局和水闸规模

北 1# 闸净宽 80 m，闸底板高程均为 –2 m；北 2# 闸净宽 50 m，东 1# 闸、东 2# 闸净宽各 40 m，闸底板高程均为 –3 m。

（2）河网河道规模

对推荐方案（可研报批阶段）河网各河段的最大流速进行了统计分析，结果表明部分河道的断面平均流速超过 1.5 m/s，而根据张瑞瑾公式及淤泥起冲流速相关经验公式估算河网不冲流速为 0.9 ~ 1.2 m/s，因此该河网部分河道存在冲刷可能。

（3）闸上配套河道规模

通过方案比较，对各个排涝闸闸前河道规模进行了论证。推荐方案的北 1# 闸，闸前河道水面坡降变化不大，水流能够平顺地进入闸室；北 2# 闸以及东 1# 闸、东 2# 闸，水流也基本能够平顺地进入闸室。原方案（送审阶段）存在闸前 200 m 范围水面跌落明显、上游河道补水不足的问题，推荐方案很好地改善了这些问题。

（4）东 1# 闸纳潮能力

在外海 2.37 m 潮位、内河自由流情况下，纳潮流量为 811 m^3/s，推荐方案与设计 800 m^3/s 接近。

在内河水位 0.46 m 工况下，闸前消力池内能够形成稳定的淹没的水跃。

试验比较了内河三种底宽下的防冲情况。在横 2 河道没有形成的情况下，即使纵 5 河道底宽从设计的 50 m 增加到 103 m，纵向河道仍然存在普遍冲刷。在横 2 河道形成的情况下，纵 5 河道保持在底宽 50 m、面宽 80 ~ 140 m 即可避免河道冲刷。因此，横 2 河道宜先建成。

（5）闸室排涝能力

试验结果表明，闸室规模均能够满足设计要求。试验分别给出了各闸闸下自由出流时排涝能力的拟合公式。

（6）闸下消能

通过比较，推荐二级池方案，并且两侧导墙10°扩散。消力池消能效果明显改善，一、二级池内均能够形成稳定的淹没水跃，二级池总消能率达到了23%以上。

另外，考虑到闸门数孔开启后一级池内流态较紊乱，二级池方案可以起到调节缓冲的作用，避免水流在一级池坎后形成局部集中跌落而加大海漫防冲压力。

（7）口门动床冲刷

从试验情况来看，虽然闸下采取了二级消力池消能，总消能率从10%左右提高到了23%左右，但是因为闸下潮位太低，海漫上水流还是急流，需要加强垂直防护。另外，采取边墙扩散后，两侧形成回流区，压缩主流至河道中间，使得圆弧翼墙附近的冲深比原设计两侧导墙不扩散方案明显减小，有利于盘头保护。

（8）闸下冲淤

利用正交试验方法对闸下冲淤进行了试验研究。正交试验中考虑了闸上水位、闸下潮位、滩面淤积高程、有无潮沟、下泄流量等因素。结果表明：

影响冲沙比的主要影响因素是下游潮位和流量，其次是上游水位和淤积高程，影响最小的是潮沟宽度。

潮位越低越有利于冲沙，应该充分利用低潮位进行闸下冲沙，以减少淤积。高潮位应尽量避免冲沙。

从试验情况来看，有效的冲沙时间很短，冲沟稳定时间一般为30～45 min，继续冲沙，冲沟的变化不大。

6.1.4 无翼墙水闸布置

滨海感潮软土地基水闸传统设计一般采用直立翼墙，这种结构形式往往因为不均匀沉降而导致裂缝产生，进而形成渗漏通道。为减少不均匀沉降，需对墙后回填土进行一定范围的基础处理，造成投资增加。另外，海漫末端与防冲槽位置以及床面与混凝土结合位置也经常出现淘刷现象，其中口门左、右两侧附近淘刷尤为严重。

无翼墙水闸包括闸室、岸墙、消能防冲设施。闸室左、右侧布置有岸墙，闸室上、下游分别布置有消能防冲设施，其特征在于：位于水闸上游左岸、水闸上游右岸、水闸下游左岸、水闸下游右岸四处的任一处或任几处的翼墙取消，改为设置斜坡式护坡，护坡倚靠岸墙布置并向外扩散，护坡采用圆弧形式或折线形式或圆弧结合折线形式向外扩散。

无翼墙水闸布置形式的有益效果：

①软土地基无须桩基处理，减小了土建工程量，减少了施工工序，降低了施工难度，缩短了工期，节省了投资。

②过水断面扩大，水流出闸后，不受约束，可以立即扩散，经过消力池的消能和调整，降低出口流速，锥形淘刷现象消失，减少海漫末端冲刷。

③两岸无翼墙，采用斜坡式护坡，后期维护检修方便。

6.1.5 通航孔设计

作为直接可以平水通航的出海通航水闸，其水流特性、布置形式等至今尚没有相关的设计规范和标准。结合模型试验分析，本工程通航孔流态具备如下特点：

①通航孔内流速较大，池后流速仍超过 8 m/s，对下游的消能防冲提出了很高要求。

②由于导航墙和导航墩的存在，消力池出池水流无法向通航孔一侧扩散，导致海漫水流集中，海漫末端存在大范围急流，产生水跃后跌落，带来严重的闸下冲刷破坏。

考虑上述因素，最终确定上游导航墩缩短至抛石防冲槽内侧边线，长度为 84.8 m；下游导航墩缩短至第一级消力池与第二级消力池之间的挡坎平段末端，长度为 26.00 m。导航墩采用空箱式结构，内部回填部分砂，同时设置一定密度的透水孔，用于抵抗浮托力和弯矩、减小导航墩下钻孔灌注桩在浮托力和弯矩作用下产生桩侧负摩阻力。

6.1.6　闸墩后浇带

水闸及通航孔闸墩分 3 层进行浇筑。闸墩从工作门槽处断开 1 m，作为后浇带在先浇筑混凝土达到 28 天龄期后进行二次浇筑。

留出后浇带后，施工过程中混凝土可以自由收缩，大大减少了收缩应力。混凝土的抗拉强度可以大部分用来抵抗温度应力，提高结构抵抗温度变化的能力。后浇带的浇筑时间选择气温较低（但应为正温度）时，后浇带混凝土采用比设计强度等级提高一级微膨胀混凝土浇灌密实并加强养护，防止新老混凝土之间出现裂缝。闸墩设置后浇带后，基本消除了闸墩大体积混凝土在浇筑过程中及后期的裂缝（见图 6.13）。

图 6.13　闸墩后浇带

6.1.7　交通桥

北 1# 闸桥（见图 6.14）为部分斜拉桥，独塔双索面，墩塔梁固结体系，桥梁全长 106.6 m。

主梁采用单箱多室等截面预应力连续箱梁，纵、横向预应力体系。箱梁顶板宽度为 26 m，箱梁底板宽度为 16 m，顶板厚 28 cm，底板厚 25 cm，侧腹板厚 60 cm，中腹板厚 50 cm。主梁采用挂篮悬臂浇筑的施工方法。

主塔结构高 40 m，采用实心矩形截面，桅杆形塔身，横桥向宽 2 m，布置在中分带上。塔身上设鞍座，以便拉索通过。每根斜拉索对应一个分丝管鞍座。

图 6.14　北 1# 闸桥

北 2# 闸桥桥跨布置为 4×20 m，其中最右侧一跨为开启式桥，钢箱梁结构，其余桥跨为部分预应力混凝土组合箱梁，桥梁全长 114.74 m（见图 6.15）。

图 6.15 北 2# 闸桥

东 1# 闸桥桥跨布置为 3×10 m 简支梁桥,桥面连续,桥梁全长 30.0 m (见图 6.16)。东 2# 闸桥桥跨布置为 5×10 m 简支梁桥,桥面连续,桥梁全长 50.0 m。上部构造采用预应力混凝土空心板,横断面布置 5 块中板,2 块边板,铰缝连接,主梁采用预制拼装的施工方法。桥梁一侧直接与闸顶衔接,故桥梁仅在单侧设置护栏。

图 6.16 东 1# 闸桥

6.2 施工技术要求

6.2.1 真空预压

（1）真空预压砂垫层技术要求

①砂被 50 cm，砂垫层 50 cm。

②砂的含泥量不大于 5%，渗透系数不宜小于 5×10^{-3} cm/s。

（2）真空预压技术参数

①真空预压开始后要求连续抽真空时间不少于 3 个月。

②真空预压停泵卸荷要求：连续 5 天观测的沉降速率小于 2 mm/d（联合堆载预压区除外）；地表承载力不小于 70 kPa；土体固结度不小于 80%。

6.2.2 土工布

水闸工程中采用的无纺土工布和有纺土工布技术指标如表 6.1、表 6.2 所示。

表 6.1 200 g/m² 无纺土工布技术指标

项　目	指　标	说　明
断裂强度 /kN /m	≥ 6.5	经纬向
断裂延伸率 /%	25% ~ 100	经纬向
CBR 顶破强力 /kN	≥ 0.9	
垂直渗透系数 /（cm/s）	≥ 1.0×10^{-3}	

表 6.2 30 kN/m 有纺土工布技术指标

项　目	指　标		说　明
断裂强度 /（kN /m）	≥ 30，经向	≥ 21，纬向	
断裂延伸率 /%	≤ 25		经纬向
CBR 顶破强力 /kN	≥ 2.4		
垂直渗透系数 /（cm/s）	≥ 1.0×10^{-3}		

6.2.3 密封膜

密封膜技术指标如表 6.3 所示。

表 6.3 密封膜技术指标

项　目		参　数
最小抗拉强度 /（N/mm）	纵　向	18.5
	横　向	16.5
最小断裂伸长率 /%		220
最小直角断裂强度 /（kN/m）		40
厚度 /mm		0.12 ~ 0.16
渗透系数 /（cm/s）		$\leqslant 10^{-11}$

6.2.4 塑料排水插板

塑料排水插板技术指标如表 6.4 所示。

表 6.4 塑料排水插板技术指标

材　料	项　目	指　标
复合体	宽度 /mm	100 ± 2.0
	厚度 /mm	$\geqslant 4.5 \pm 0.5$
	纵向通水量 /（cm³/s）	$\geqslant 50$（侧压力 350 kPa）
	复合体抗拉强度	$\geqslant 2.0$ kN/10 cm（干态，延伸率 10%）
板芯	抗压屈强度 /kPa	> 350
滤膜	滤膜质量 /（g/㎡）	$\geqslant 90$
	滤膜抗拉强度 /（kN/cm）	纵向 $\geqslant 30$（干态，延伸率 10%） 横向 $\geqslant 25$（湿态，延伸率 15%）
	滤膜渗透系数 /（cm/s）	$\geqslant 5 \times 10^{-3}$（浸水 24 h）
	滤膜等效孔径 /mm	< 0.075
材质	板芯	聚乙烯
	滤膜	无纺布

6.2.5　滤管

滤管技术指标：采用波纹滤管，支管管径大于 50 mm，主管管径大于 63 mm，管体环刚度大于 12.5 kPa，透水面积大于 2100 mm^2/m，滤布单体面积质量不小于 80 g/m^2（可用 2 层 40 g/m^2 代替），等效孔径 0.06 ～ 0.2 mm。

6.2.6　闸基开挖

真空预压及联合堆载预压结束后进行建基面开挖，真空预压所用砂垫层全部挖除，采用机械开挖与人工开挖相结合。建基面上留有 50 cm 厚保护层用人工开挖，开挖边坡不陡于 1∶3。

6.2.7　防渗、防冲板桩

防渗板桩为 Z 型冷弯钢板桩，装配成锯齿形，单根钢板桩桩长 8 m，宽 24.8 cm，轴线高度为 75.9 cm，厚 0.8 cm，重 545.6 kg。板桩打设偏离轴线 ±20 mm 以内，垂直度 ≤ 1%。

防冲板桩混凝土强度等级为 C30，桩长 8 m。板桩混凝土强度达到设计强度的 70% 时，在预制场内水平吊运（双吊点吊运），达到设计强度 100% 时外运，混凝土的龄期达到 28 d 以上施打。

6.2.8　高压旋喷桩

采用两管法施工，42.5 水泥掺量 25%，水泥浆浓度为 1.52 ～ 1.70 g/cm^3，钻杆旋转速度 10 r/min，提升速度 8 ～ 10 cm/min，气压 0.7 MPa，浆压 28 MPa。

6.2.9　固化土

内摩擦角不小于 20°，黏聚力不小于 30 kPa（快剪），渗透系数不大于 1×10^{-4} cm/s，固化土分层夯实，分层厚度不大于 50 cm。

6.3 闸基础施工

6.3.1 水闸基面清淤

水闸基面采用水上挖机开挖方式清淤，泥浆泵配合高压水枪将淤泥抽排至围区内，北 1# 闸清淤至高程 –1.5 m，北 2# 闸清淤至高程 –2.5 m，东 1# 闸清淤至 –3.0 m。

6.3.2 真空联合堆载预压

水闸经桩基处理后沉降很小，而海堤沉降较大，海堤和水闸等交叉建筑物的差异沉降容易引起连接段水闸渗水、漏水。以往常采用改变桩基和调节复合地基的刚度来解决上述问题，但投资较大，且在软弱地基较深厚的情况下差异沉降仍较明显。本工程对闸室范围及前后左右进行真空堆载联合预压处理以减小水闸打桩后与两侧海堤之间的沉降位移差。

真空堆载联合预压法，是将真空预压法和堆载预压法整合并同时进行。真空预压期间，受真空预压荷载的影响，加固土体产生侧向收缩变形；而在堆载预压期间，土体受堆载影响，加固土体产生侧向挤出变形。上述两种变形在施工过程中可相互抵消，从而可使地基处理的预压速度加快，且地基在预压过程中不会产生变形失稳。

为对比研究真空堆载联合预压的效果，将水闸基础分为 A、B、C 三个区。分别为 A 区：真空 – 低压堆载区（堆载总厚 2.00 m），处理范围为上下游桩号闸 0–067.8 m ~ 闸 0+050.0 m，顺水流方向长度 117.8 m；左右岸闸中心线两侧各 19.4 m，总面积 4647.04 m²。B 区：不处理区，扣除围区侧左侧翼墙处长宽各为 15.0 m 的范围，总面积 225 m²，用以对比真空堆载联合预压处理效果。C 区：真空 – 高压堆载区（堆载总厚 4.50 m），顺水流方向同 A 区，长 117.8 m，垂直水流方向为 A 区边界外各向左右 45.0 m，总面积 10058 m²。真空堆载联合预压处理平面布置如图 6.17 所示。

真空联合堆载预压施工顺序：施工准备→测量放样→铺设 30 kN/m 有纺土工布（见图 6.18）→铺设 50 cm 砂被层、50 cm 砂垫层（见图 6.19）→防淤堵排水板打设（见图 6.20）→铺设滤管（见图 6.21）→铺设 200 g/m² 无纺土工布（见图 6.22）→铺设两层密封膜（见图 6.23）→周边密封→装、连接抽气管道和射流泵→抽真空（见图 6.24）→铺设 200 g/m² 无纺土工布→铺设 50 cm 砂被→4 m 堆载预压（见图 6.25）→原位观测→停泵卸载。经真空膜检查合格后进行真空预压堆载，堆载分二级进行加载，第一层加载在抽真空 30 天后进行，堆载 0.5 m 砂被和 2 m 抛石，30 天后堆载第二层 2 m 抛石，膜下真空度维持 80 kPa 以上累计达 30 天，各项指标达到设计要求后停泵卸载。

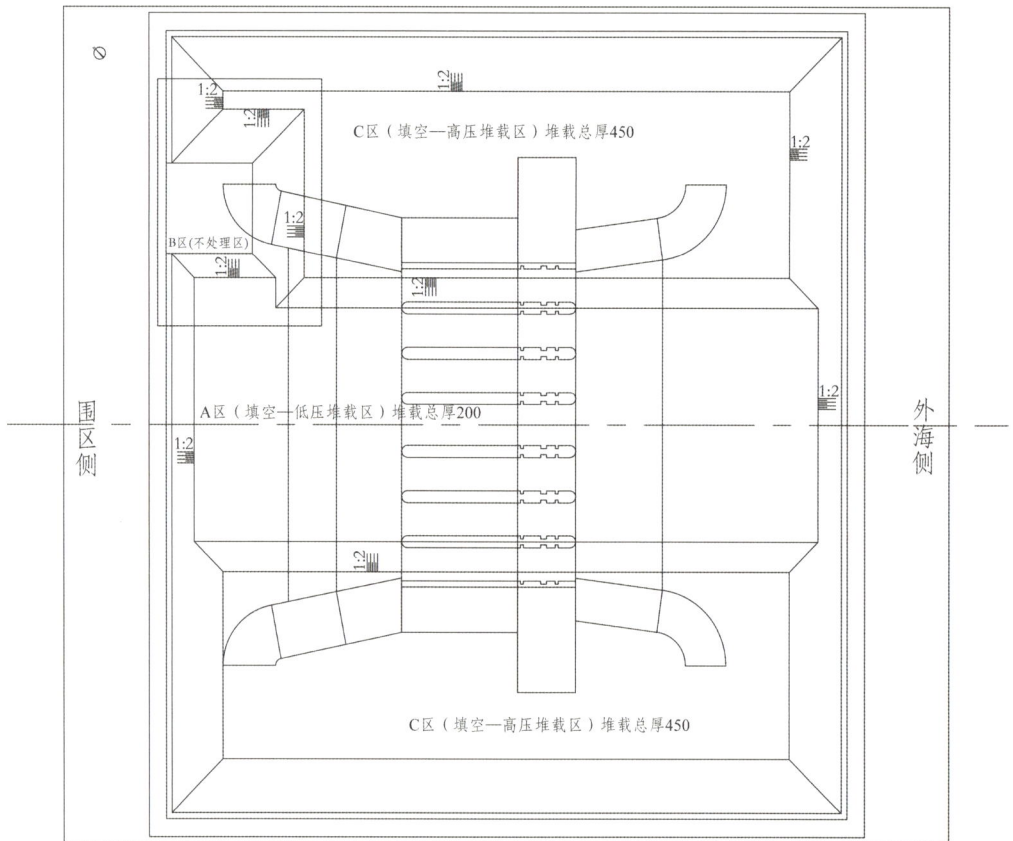

图 6.17　真空联合堆载预压处理平面示意

图 6.18　30 kN/m 有纺土工布铺设

图 6.19　砂垫层

图 6.20　排水板插设

图 6.21　滤管埋设

图 6.22　铺设无纺布

图 6.23　铺设滤膜

图 6.24　真空泵抽真空

图 6.25　真空联合堆载预压

真空联合堆载预压处理效果较明显，具体如下。

（1）沉降提前发生

真空联合堆载预压有效持续时间约 3 个月，A 区（真空 – 低压堆载区）地表累计平均沉降量为 1326 mm，固结度达到 80%；B 区（不处理区）地表累计平均沉降量为 204 mm；C 区（真空 – 高压堆载区）地表累计平均沉降量为 1627 mm，固结度在 77% 以上。真空联合堆载预压地基固结效果好，可消除软土地基大部分的主固结沉降和次固结沉降，使沉降提前发生，工后沉降小。

（2）改善地基土质

A 区处理前后土层物理力学指标如表 6.5 所示。从表中可以看出，经过真空联合堆载预压，地基土层含水率 ω、空隙比 e、压缩系数 a_v 等指标均变小。地基土得到了一定的排水固结。剪切强度指标（C、φ）等指标均有所增大，其中 2–1 层快剪 C、φ 值均提高了约 4 倍；2–4 层快剪 C 值提高了约 15%，φ 值提高了约 40%，固快 C 值提高了约 70%，φ 值提高了约 90%；3–1 层快剪 C 值提高了约 38%，φ 值提高了约 3%，固快 C 值提高了约 75%，φ 值提高了约 86%。灌注桩的极限阻力标准值 Q 值 2–1 层提高了 80%，2–2 层提高了 10%，2–3 层提高了约 43%，土质明显改善，压缩性降低，强度增加，2–1 层、2–3 层由淤泥已改变为淤泥质黏土。

真空联合堆载预压处理后的 A、C 区的地基土承载力均在 70 kPa 以上，未处理区 B 区的地基土承载力仅为 23.3 kPa，地基土层经真空联合堆载预报处理后承载力提高了 2 倍左右。

表 6.5　A 区真空联合堆载预压前后各土层物理力学指标值

土层代号	阶段	土层类别	含水率 ω/%	孔隙比 e	压缩系数 a_v/MPa	直剪快剪 C/kPa	直剪快剪 φ/(°)	直剪固块 C/kPa	直剪固块 φ/(°)	灌注桩的极限侧阻力标准值 Q_s/kPa
2-1 （厚1.2～2.0 m）	处理前	淤泥	54.00	1.434	1.162	2.0	1.7			10
2-1 （厚1.2～2.0 m）	处理后	淤泥质黏土	51.90	1.344	0.960	10.0	8.9			18
2-2 （厚2.0～2.8 m）	处理前	粉细砂	25.30	0.704	0.219	4.0	30.0	4.0	31.7	20
2-2 （厚2.0～2.8 m）	处理后	粉细砂	21.80	0.677	0.175					22
2-3 （厚5.0～6.0 m）	处理前	淤泥夹粉砂								14
2-3 （厚5.0～6.0 m）	处理后	淤泥质黏土夹粉砂				8.0	7.3	11.0	12.3	20
2-4 （厚15.0～16.0 m）	处理前	淤泥	61.90	1.691	1.931	5.5	4.7	6.3	6.8	13
2-4 （厚15.0～16.0 m）	处理后	淤泥	57.20	1.581	1.510	6.3	6.6	10.8	12.9	13
3-1	处理前	淤泥夹黏土	44.80	1.236	0.792	8.0	7.5	8.0	9.3	20
3-1	处理后	淤泥质夹黏土	44.50	1.222	0.958	11.0	7.7	14.0	17.3	20

（3）增大灌注桩承载力

由于地基土灌注桩的极限侧阻力增大，灌注桩的承载力也相应增大，桩长较未进行真空联合堆载预压处理区缩短 5 m。

6.3.3 混凝土钻孔灌注桩

C30 混凝土钻孔灌注桩采用回旋钻机跳桩施工，相邻桩施工间隔不小于 48 h。灌注桩钢筋笼在基坑内加工制作，混凝土浇筑采用罐车配合地泵运输入仓。灌注桩采用正循环钻进成孔，泥浆护壁，二次清孔，第一次清孔采用换浆法清孔，成孔结束时不提钻慢转正循环清孔，第二次清孔在钢筋笼下孔后进行。

灌注桩施工流程：测量放样→护筒埋设→泥浆制备→钻孔→第一次清孔→钢筋笼安装→下导管→二次清孔→水下混凝土灌注。施工完成后采用风镐将桩头凿至设计高程。灌注桩施工、钢筋笼制作、灌注桩静力试验如图 6.26 ~图 6.28 所示。

图 6.26　灌注桩施工

图 6.27　钢筋笼制作

图 6.28　灌注桩静力试验

6.3.4　基础开挖

　　闸基开挖与基础混凝土灌注桩施工相结合，施工开挖顺序：岸墙底板→闸室底板→上游翼墙→闸室两侧连接空箱→下游侧消力池→上游消力池。采用挖机配合自卸汽车开挖，预留 5 ~ 10 cm 保护层采用人工开挖。

6.3.5 混凝土防冲板桩

C30 混凝土防冲板桩由施工单位利用定制钢模现场预制，浇筑完成的预制构件，均有构件型号、制作日期、合格印鉴等统一标识。防冲板桩施工前先行开挖宽 1 m，深 0.3 m 基槽，板桩位置允许偏差：偏离桩轴线不超过 ±20 mm，垂直度 ≤ 1%，桩顶高程以上 −50 ~ 100 mm。

混凝土防冲板桩预判如图 6.29 所示，混凝土防冲板桩打设如图 6.30 所示。

图 6.29　混凝土防冲板桩预制

图 6.30　混凝土防冲板桩打设

6.3.6　防渗钢板桩

防渗钢板桩为 Z 型冷弯钢板桩，装配成锯齿形。单根钢板桩桩长 8 m，宽度 24.8 cm，轴线高度为 75.9 cm，厚度为 8 mm，如图 6.31 所示。主要施工工艺流程：吊桩→入导向架→调整钢板桩的垂直度→定位→压锤→复核桩平面及垂直度偏差→沉桩→调整偏位→沉桩→沉桩记录→起锤。

图 6.31　防渗钢板桩

6.3.7　高压旋喷桩

西河堤排涝闸闸室段四周采用单排旋喷灌浆，防渗墙深 8 m，喷射直径 80 cm，孔距 60 cm，灌浆材料采用 42.5 普通硅酸盐水泥。主要施工工艺流程：钻孔→插管、试喷→高压旋喷注浆→冲洗机具。

6.4 闸室段施工

6.4.1 钢筋混凝土底板

闸室底板钢筋在加工场焊接加工成半成品，现场绑扎（见图 6.32），设置钢筋马腿支撑体系，间距 1500 mm，支撑在网格拐角处与上下层钢筋焊接。底板钢筋 $\Phi 16$ 以上采用闪光对焊，$\Phi 16$ 以下采用绑扎接头。模板采用 $\delta = 20$ mm 竹胶板，背枋采用 50 mm × 100 mm 枋，受力拉杆采用底部 1 道 M16 螺杆，上面 2 道 M12 螺杆，模板支撑固定采用地锚设拉索牵固（见图 6.33）。混凝土由现场拌和系统拌制，通过混凝土罐车运输到浇筑点，混凝土泵车泵送至仓位，采用分层分块浇筑（见图 6.34），每层厚 0.5 m，浇筑沿长边方向从右向左进行浇筑，台阶形式向前推进，采用插入式振捣器振捣，浇筑完成按要求进行覆盖洒水养护，其中北 2# 水闸通航孔底板采用冷却水管降温（见图 6.35）。

图 6.32 底板钢筋绑扎

图 6.33　底板立模

图 6.34　底板混凝土浇筑

图 6.35　闸底板混凝土养护

6.4.2　闸墩及上部钢筋混凝土结构

（1）支撑及模板

从水闸底板搭设脚手架支撑，采用 $\Phi 42$ 脚手钢管、扣件搭建钢管支撑体系，在作业层面上，用脚手板满铺且固定，外侧设钢管栏杆围护，并搭设回旋梯道并包覆密目安全网。

闸门墩及胸墙圆弧段采用定型钢模板支立，混凝土胸墙、管道间和检修平台等采用木模，模板按施工放样图现场拼装，安装过程中模板的拼缝宽度、垂直度符合规范要求。不承重侧面模板在混凝土达到其表面及棱角不致损坏时开始拆除，承重模板在混凝土强度达到规范规定强度后拆除。

（2）钢筋加工与绑扎

根据设计和规范要求下达钢筋配料单，在钢筋加工场下料、加工制作，不同规格品种钢筋分别堆放。闸墩钢筋焊接接头采用电渣压力焊接头，钢筋保护层用带铅丝的同标号混凝土垫块固定。

（3）混凝土浇筑

现场设拌和系统一座，安装 2 台 0.75 m³ 强制式搅拌机，配置配料机 2 台套，拌和能力满足混凝土浇筑强度要求。混凝土浇筑采用 10 m³ 混凝土搅拌车水平运输，汽车吊垂直运输。

混凝土采取分层浇筑，层厚控制在 50 cm，混凝土浇筑采用人工平仓，用插入式软轴振捣器振捣，采用二次振捣方法，闸墩混凝土浇筑后采用二次压光法。混凝土底板和顶板水平表面采用覆盖浇水养护、保持湿润。垂直面直接浇水养护。

闸墩混凝土浇筑、启闭平台立模、启闭平台及胸墙如图 6.36 ～图 6.39 所示。

图 6.36　闸墩混凝土浇筑

图 6.37 启闭平台立模

图 6.38 启闭平台

图 6.39 胸墙

6.5 上下游连接段施工

6.5.1 空箱岸墙、翼墙、导航墩

C40 空箱岸墙、翼墙等先浇筑底板混凝土，然后搭设脚手架，分层浇筑空箱边墙、隔板与顶板，顶板中间留有进人孔，用以拆除隔墙模板及钢管脚手架，空箱回填砂采用人工水力冲挖和人工配合吊机的方式施工，用高压水枪将砂土冲拌成浆液，并用泥浆泵吸进管内，送至灌砂口，空箱内配有抽水泵，将积水抽至外海侧。施工流程：清理→冲砂→吸泥→输送→沉淀→抽水；用自卸汽车将回填砂运输至回填空箱位置，然后人工配合吊机通过预留孔回填（见图 6.40 ~ 图 6.43）。

①施工顺序：垫层→浇底板及贴角→顶板以下墙壁扎架及挂样架→立一侧壁模→扎墙壁钢筋→封模板→浇筑墙壁→回填砂→扎顶板钢筋→顶板混凝土浇筑→养护。

②施工方法：根据结构特点，采用现浇立模方案。岸墙空箱采用3次立模、3次浇筑。

③模板工程：空箱外模采用钢框架竹胶板，内模采用组合钢模板，钢管围檩，$\Phi 14$ 对拉螺栓，螺栓间距宽 70 cm × 70 cm，外墙壁上螺栓加焊止水板。

④钢筋工程：钢筋按图纸要求在加工场加工成半成品，待一侧模板立好后，现场绑扎，钢筋接头位置相互错开，搭接率满足规范要求。

⑤混凝土浇筑：混凝土浇筑均采用汽车泵送混凝土施工方法，分层浇筑。岸墙底板厚 1.4 ~ 1.5 m，分三层浇筑。墙壁每层浇筑 50 cm 厚，中隔板单独作为一层浇筑。

图 6.40　空箱岸墙模板安装

图 6.41　连接空箱立模

图 6.42　水闸翼墙

图 6.43 空箱钢筋绑扎

6.5.2 消力池

闸室上下游消力池靠近闸室的部分安排在闸室底板施工完成后开始施工，下游第二级消力池及混凝土护底安排在翼墙及闸室施工完成后进行。混凝土用混凝土罐车运输，泵车泵送入仓，消力池均采用跳仓施工，下游消力池采用单层斜坡面一次浇筑，上游消力池采用分2层浇筑。

消力池排水管采用8 cm的PVC管，用钢筋骨架与钢筋网绑扎，管内设袋装反滤料，梅花型布置。施工时为防止浆液渗入下部反滤层，在反滤层上表面铺一层油毛毡隔离层。

消力池施工中的主要步骤如图6.44～图6.49所示。

图 6.44　消力池铺布

图 6.45　消力池碎石垫层

图 6.46　消力池浇筑

图 6.47　护坦铺设土工布及碎石

图 6.48　护坦钢筋绑扎

图 6.49　护坦浇筑

6.5.3 混凝土灌砌块石海漫

选用材质坚实新鲜，无风化剥落层或裂纹的块石，摆放平稳、错缝，经验收后用混凝土灌缝（见图 6.50），混凝土现场拌和，用混凝土罐车运输，用插入式振捣器振捣，振后混凝土略低于块石面，如图 6.51 所示。

图 6.50　灌砌块石浇筑

图 6.51　灌砌块石

6.5.4　防冲槽抛石填筑

防冲槽采用挖掘机配合自卸汽车开挖运输，防冲槽开挖验收后进行回填抛石，抛石新鲜、无风化，汽车运至施工现场，挖机抛填整理。

6.6　通航孔

由于工期紧，通航孔启闭平台施工和金属结构安装存在交叉施工，为了给金属结构安装单位提供作业场地，并保证通航孔启闭平台的施工安全，因地制宜采用满堂支撑架和钢支架相结合的施工工艺。

通航孔启闭平台结构施工工艺流程：施工准备→测量放样→闸墩上立柱从第一层浇筑至 +13 m/+15.0 m 高程→立柱第二层浇筑至 +18.25 m 高程（结构主梁倒角底口上 5 cm）→钢支撑系统搭设→扣件式脚手架搭设→底板铺设→现浇平台主梁、次梁、立柱间承重梁→现浇顶板及悬臂→养护。

岸墙处启闭平台结构施工工艺流程：施工准备→测量放样→立柱第一层浇筑至 +14.0 m 高程（中系梁顶部）→立柱第二层浇筑至 +18.25 m /+19.05 m 高程（边柱结构主梁倒角处，中柱至梁底，均超高 5 cm）→两侧满堂支架搭设→中间钢支撑系统、扣件式脚手架搭设→底板铺设→现浇平台主梁、次梁、立柱间承重梁→现浇顶板及悬臂→养护。

6.6.1　钢支架搭设

钢支架布置在通航孔上部及右岸岸墙中部门库位置。钢支架系统自下而上依次为钢管排架柱、盖梁、纵向承重钢箱梁、走道板。形成上部短钢管满堂支架的支撑面。

北 2# 闸通航孔启闭平台支撑架采用钢支撑 + 扣件式脚手架支撑型式，即通过设置在两闸墩内侧的 2 排钢管柱排架，每排 8 根，顶标高 +16.2 m；钢管顶部搁置双榀 I40b 工字钢作为盖梁（+16.6 m）；盖梁上布置 8 根 60 cm × 100 cm

钢箱梁，居中布置在各道主梁下作为承重梁（+17.6 m）；钢箱梁上满铺 6 m ×
1.75 m × 0.14 m 走道板；走道板上布置 1 m 长短钢管满堂支架和底板系统到
+19.0 m 现浇主、次梁底标高及 +20.95 m 现浇板底标高。

岸墙两侧设置有中系梁位置采用满堂脚手架工艺实施；中间 4 根现浇纵梁
位置与北 2# 闸通航孔启闭平台支撑架类似，采用钢支撑 + 扣件式脚手架支撑
型式实施。主要区别是在箱梁跨中增设了一排钢管柱。

6.6.2　钢管排柱架搭设

钢管排柱架的布置如图 6.56 所示。支架立柱采用 Φ406 mm，壁厚 8 mm
的钢管制作，钢管柱顶标高为 +16.2 m，左岸闸墩底标高为 +10.0 m，右岸闸
墩及岸墙空箱底标高为 +8.0 m。其中通航孔闸墩内侧各布置 1 排 8 根钢管柱，
岸墙空箱中部布置 3 排（4 根 / 排）共 12 根钢管柱。共需 6.2 m 长钢管柱 8 根，
8.2 m 长钢管柱 20 根。

6.7　水闸幕墙钢结构一次安装

西河堤排涝闸坐拥东海之滨，场地开阔。在西河堤排涝闸设计之初就秉
持"楼观沧海日，门对观海潮"的理念，并尊重当地的建筑文化，在维护和整
合当地自然环境的同时，设计一个布局合理、功能齐备、流线顺畅、环境优
美的工作环境。

西河堤排涝闸建筑采用现代风格，以海韵灵动为主基调，延续原先的朴
素大气的当地建筑风格，塑造了现代化瓯飞腾飞的新形象。建筑设计上，结
合先进节能环保等措施进行全过程、多环节、全方位的科学设计，外立面材
料结合抗风抗腐蚀设计，以创造出绿色节能、安全高效的水利设施。

针对水闸幕墙钢结构的拼装、吊装作业中，存在钢结构容易变形的难题，
施工单位创新性提出了一种"先栓后焊"的技术（见图 6.52 ~ 图 6.54），该技
术具有以下特点：

①钢结构吊装时，将主吊机吊点设置在斜撑与桁架交接处，捆绑式固定住钢桁架，通过多点抬吊安装及高空滑移安装，保证钢结构起吊后的平稳性。

②采用汽车吊整体一次吊装钢结构，减少高空作业量，降低施工安全风险，保证钢结构的安装质量。

③钢结构现场一次拼装成型，节省施工场地，加快施工进度。

④在焊接和高强度螺栓并用的连接处，按"先栓后焊"的原则进行安装，减小了焊接收缩变形，保证了钢结构的安装精度。

⑤钢结构接头坡口用气割和角向砂轮磨光，坡口角度控制在30°～35°，采用平焊或横焊，保证钢结构的焊接质量。

⑥在拧紧螺栓后，封堵多余的螺孔，并用油腻子将所有接缝处填嵌严密，刷涂防腐涂料，保证了钢结构的外观质量，延长结构的使用寿命。

图 6.52　吊装

图 6.53 安装完成

图 6.54 焊接

6.8 水闸监测

水闸基础为深厚软弱淤泥，为提高灌注桩的竖向和水平承载力，基础采用先真空联合堆载预压处理改善地基土物理力学性质后打设钻孔灌注桩的方案。北 1# 闸、北 2# 闸的监测项目有表面变形监测、渗流压力监测、水闸接缝监测、脱空位移监测、钢筋应力监测和土压力监测等，所用到的主要观测设备如表 6.6 ~ 表 6.8 所示。

表 6.6 北 1# 闸主要观测设备表

监测项目	单　位	数　量	部　位	总　量
沉降标点	点	14	闸室（含岸墙）	36
		16	翼墙	
		6	空箱式堤顶	
工作基点	座	2	坚硬地基上	2
水位计	支	2	上、下游水流平顺处	2
脱空计	支	6	闸底板与地基接触面	6
综合位移	支	6	闸室	18
		8	岸墙及空箱式堤顶	
		4	翼墙	
渗压计	支	10	闸底板下	14
		4	岸墙及空箱式堤顶底部	
测缝计	支	4	闸墩分缝处	34
		16	岸墙与闸室及空箱式堤顶分缝处	
		6	空箱式堤顶分缝处	
		4	闸室与上下游消力池分缝处	
		4	翼墙空箱分缝处	
钢筋计	支	70	灌注桩（闸室 3 根，翼墙 2 根）桩身	76
		6	底板	

监测项目	单 位	数 量	部 位	总 量
土压力计	支	6	闸底板与地基接触面	10
		4	空箱式堤顶及翼墙与闭气土方接触面	
温度计	支	15	闸底板	15

表 6.7 北 2# 闸主要观测设备

监测项目	单 位	数 量	部 位	总 量
沉降标点	点	14	闸室（含通航孔及岸墙）	56
		38	翼墙	
		4	空箱式堤顶	
工作基点	座	2	坚硬地基上	2
水位计	支	2	上、下游水流平顺处	2
脱空计	支	6	闸底板与地基接触面	6
综合位移	支	4	闸室	16
		6	岸墙及空箱式堤顶	
		6	翼墙	
渗压计	支	10	闸底板下	13
		3	岸墙及空箱式堤顶底部	
测缝计	支	3	闸墩分缝处	25
		12	岸墙与闸室及空箱式堤顶分缝处	
		2	空箱式堤顶分缝处	
		4	闸室与上下游消力池分缝处	
		4	翼墙空箱分缝处	
钢筋计	支	70	灌注桩（闸室 3 根，翼墙 2 根）桩身	74
		4	底板	
土压力计	支	6	闸底板与地基接触面	10
		4	空箱式堤顶及翼墙与闭气土方接触面	
温度计	支	9	闸底板	9

表 6.8　通航孔主要观测设备

监测项目	单　位	数　量	部　位	总　量
水位计	支	2	上、下游水流平顺处	2
扬压力	支	10	闸底板下	10
绕闸渗流	支	1	1 # 空箱底部	1
脱空计	支	3	闸底板与地基接触面	3
测缝计	支	4	闸室与上下游消力池分缝	4
钢筋计	支	4	闸底板	4
土压力计	支	3	闸底板与地基接触面	3
温度计	支	16	闸底板	16

6.8.1　表面变形监测

截至 2019 年 5 月 25 日，水闸沉降整体较小，北 1# 闸最大沉降为 27 mm，出现在左侧上游翼墙；北 2# 闸最大沉降为 24 mm，出现在左侧上游翼墙；水闸最大沉降量和沉降差均小于规范允许值。水闸最大沉降量统计如表 6.9 所示。

表 6.9　水闸最大沉降量统计

水　闸	闸　室 /mm	岸　墙 /mm	空　箱 /mm	翼　墙 /mm
北 1# 闸	8.0 ~ 19.0	15.0 ~ 21.0	13.0 ~ 18.0	8.0 ~ 27.0
北 2# 闸	13.0 ~ 22.0	10.0 ~ 17.0	12.0 ~ 18.0	11.0 ~ 24.0

截至 2019 年 5 月 25 日，水闸水平位移整体较小，北 1# 闸最大水平位移为 20 mm，出现在左侧空箱；北 2# 闸最大水平位移为 21.2 mm，出现在左侧上游翼墙；主要受内侧回填土填筑施工影响所致。水闸最大水平位移量统计如表 6.10 所示。

表 6.10　水闸最大水平位移量统计

水　闸	闸　室 /mm	岸　墙 /mm	空　箱 /mm	翼　墙 /mm
北 1# 闸	3.6 ~ 9.2	4.5 ~ 12.0	8.6 ~ 20.0	8.1 ~ 10.3
北 2# 闸	6.3 ~ 14.1	6.7 ~ 15.0	10.8 ~ 16.2	9.2 ~ 21.2

6.8.2　渗流压力监测

闸基渗流压力过程线如图 6.55 所示。

水闸通水前，围堰内地基土体水位接近渗压计的埋设高程，闸基基本无渗流压力。

水闸通水后，闸基渗流压力明显增加，且受上游水位及下游潮位的共同作用，靠近上游的测点受上游水位影响明显，靠近下游的测点受下游潮位影响明显。

各测点渗流压力随上、下游水位变化呈波动状态，且防渗钢板桩以内测点的渗流压力变化幅度明显小于外部测点，表明目前钢板桩的防渗效果良好。

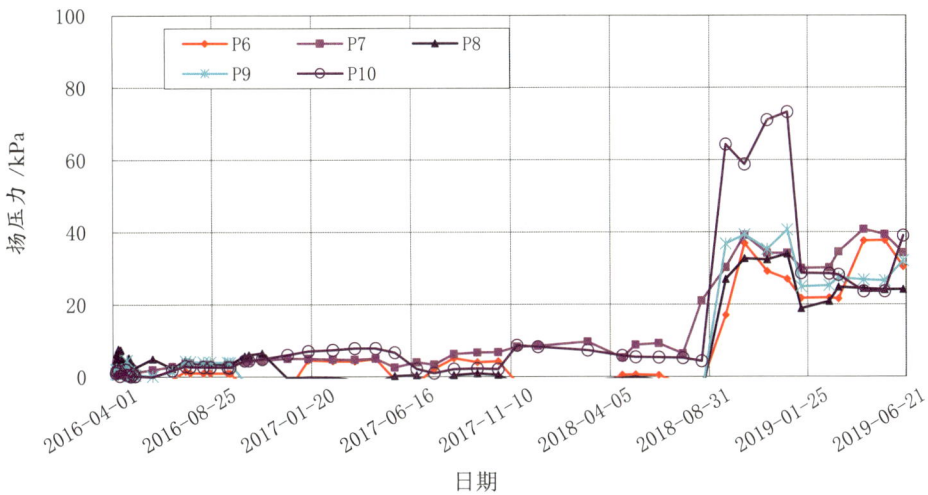

北1闸⑧闸孔基底扬压力过程线

（a）

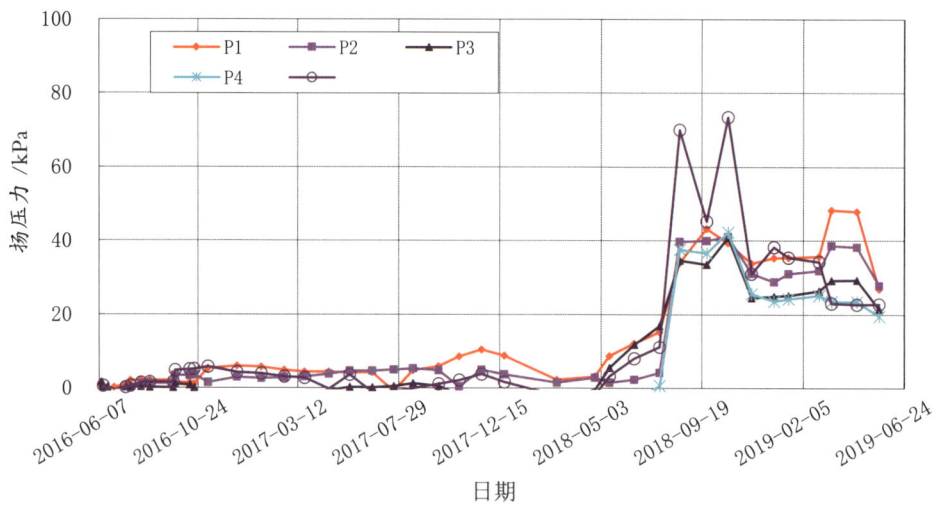

北2闸②闸孔基底扬压力过程线

（b）

图 6.55　闸基渗流压力过程线

6.8.3　水闸接缝监测

北 1# 闸接缝最大张开位移（正值）为 27.7 mm，北 2# 闸接缝最大张开位移（正值）为 29.0 mm。

6.8.4　脱空位移监测

本工程研发了一种适用于深厚软弱地基的闸底板脱空监测装置，包括锚固底座、位移传感装置、保护装置等。通过测读位移传感装置与锚固底座之间距离的变化，获得闸底板脱空变形量。传感器的安装如图 6.56 所示。

图 6.56　传感器安装

　　闸孔底板脱空位移变化过程线如图 6.57 所示。闸底板最大脱空位移为 1.3 mm，出现在北 2# 闸底板。水闸底板脱空不明显，脱空位移与环境温度呈现一定的负相关性，温度升高、脱空位移减小，温度降低、脱空位移增大。

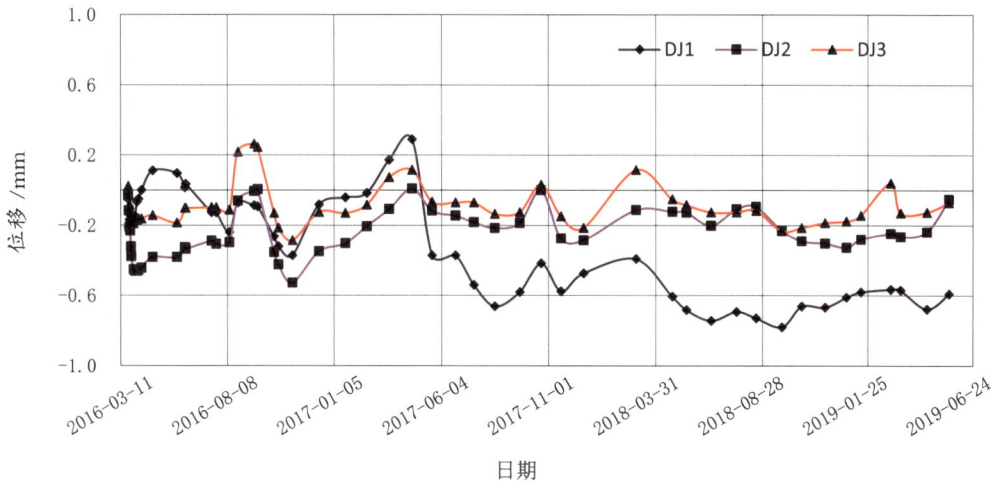

日期

北1闸④闸孔底板脱空位移过程线

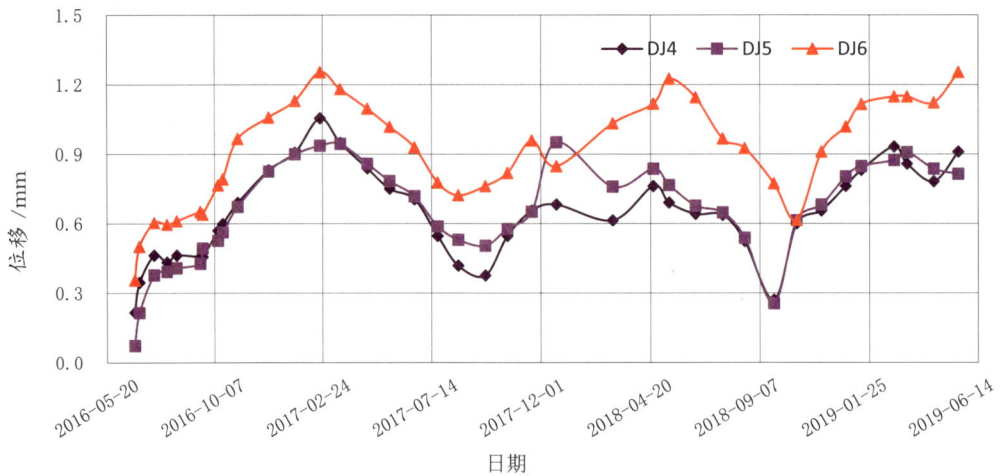

北2闸⑥闸孔底板脱空位移过程线

图 6.57 闸孔底板脱空位移变化过程线

6.8.5 钢筋应力监测

实测钢筋最大拉应力为 29.1 MPa，最大压应力为 24.9 MPa，底板下层主筋多处于受拉状态，上层主筋多处于受压状态。钢筋应力随环境温度呈周期性变化，由于混凝土膨胀系数小于钢筋，温度升高，钢筋的膨胀将受到混凝土的约束，产生压应力，温度降低时产生拉应力。

6.8.6 土压力监测

闸孔底板土压力过程线如图 6.58 所示。

各测点土压力均为正值，呈受压状态，表明闸底板和地基土之间接触良好；各测点实测土压力在 19.5 ~ 37.7 kPa，地基土受力较为均匀。

土压力变化与温度呈现正相关性，主要受混凝土结构热胀冷缩的变形影响，温度升高，混凝土膨胀，接触压力增大；温度降低，混凝土收缩，接触压力减小。

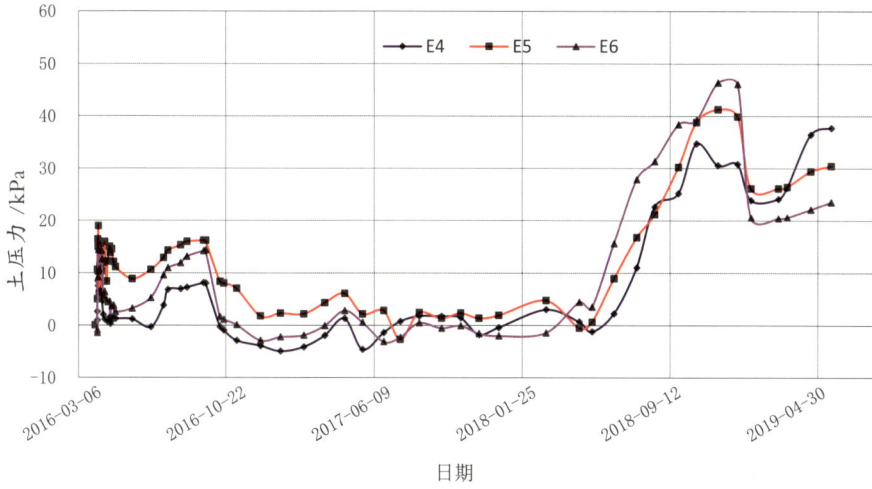

北1闸⑧闸孔底板土压力过程线

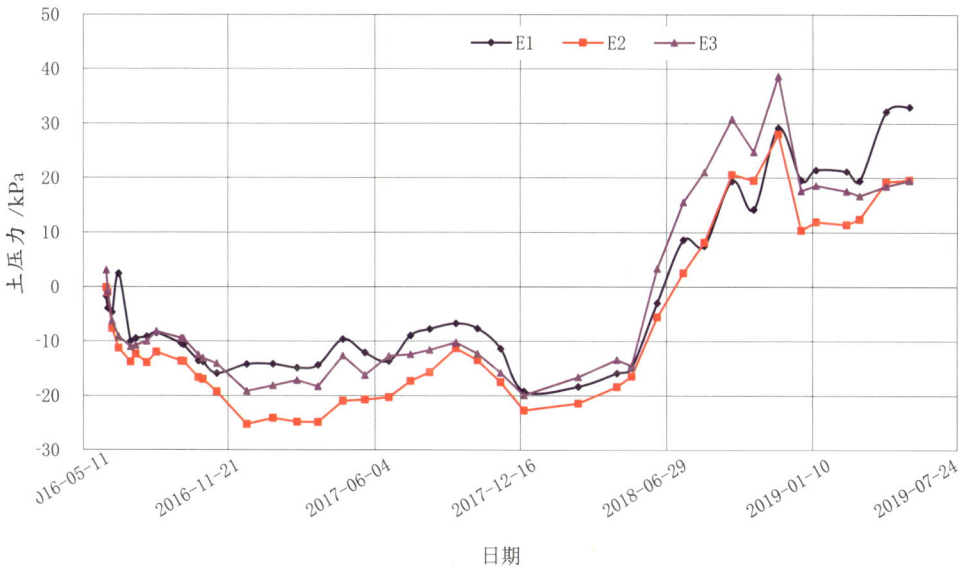

北2闸②闸孔底板土压力过程线

图6.58 闸孔底板土压力过程线

7 金属结构和启闭设备

7.1 金属结构和启闭设备设计

7.1.1 北 1# 闸

北 1# 闸设 10 孔挡潮排涝闸，每孔布置工作闸门 1 道，围区侧及外海侧各布置检修闸门 1 道。

工作闸门采用液压启闭机进行启闭。围区侧及外海侧检修闸门采用闸顶双向门式起重机进行启闭，北 1# 闸及北 2# 闸共用一台门式起重机。

北 1# 闸闸门及启闭设备如表 7.1 所示，北 1# 闸工作闸门如图 7.1 所示。

表 7.1 北 1# 闸闸门及启闭设备

单位: m

名 称	闸门型式	闸门 / 扇	孔口尺寸（宽 × 高）	设计水头	启闭机
工作闸门	潜孔式平面滑动钢闸门	10	8.0×4.5	8.0	QPPY Ⅰ型液压启闭机
外海侧检修闸门	潜孔式平面滑动钢闸门	1	8.0×4.5	8.0	MQ2×320 kN/2×125 kN 双向门式起重机
围区侧检修闸门	露顶式平面滑动钢闸门	1	8.0×5.0	5.0	MQ2×320 kN/2×125 kN 双向门式起重机

工作闸门面板布置外海侧，闸门主支承采用滑块，滑块材料为铜基镶嵌型自润滑材料，采用双向止水布置，闸门顶止水与侧止水布置在围区侧，底止水布置在外海侧，止水材料为 SF6574。为延长止水的使用寿命，增设止水淋水装置，工作闸门门叶材料为 Q345B，门槽材料为耐海水腐蚀的合金铸铁，牌号为 STNi2Cr。闸门单扇重量为 30.6 吨，门槽单孔重量为 12.75 吨。工作闸门的启闭设备采用 QPPY Ⅰ型液压启闭机，启闭机容量为 4×320 kN，工作行程为 5 m。

围区侧设检修闸门 1 道，10 孔挡潮排涝闸共用 1 扇检修闸门，闸门采用实腹梁钢结构，支承采用滑块。闸门材料采用 Q235B，单扇门重量为 10.8 吨，共 1 套，门槽材料为 STNi2Cr 合金铸铁，单孔重量为 3.8 吨，共 10 套。闸门静水启闭，最大允许启门水位差为 0.5 m，采用 MQ2×320 kN/2×125 kN 双向门式起重机。

外海侧设检修闸门 1 道，10 孔挡潮排涝闸共用 1 扇检修闸门，闸门面板布置外海侧，闸门主支承采用滑块，滑块材料为铜基镶嵌型自润滑材料，止水采用双向止水布置，闸门顶止水与侧止水布置在围区侧，底止水布置在外海侧，止水材料为 SF6574。闸门材料采用 Q345B，单扇门重量为 30.1 吨，共 1 套；门槽材料为 STNi2Cr 合金铸铁，单孔重量为 14.75 吨，共 10 套。闸门静水启闭，采用 MQ2×320 kN/2×125 kN 双向门式起重机。

图 7.1　北 1# 闸工作闸门

7.1.2　北 2# 闸

北 2# 闸设 6 孔挡潮排涝闸，每孔布置工作闸门 1 道，围区侧及外海侧各布置检修闸门 1 道。

工作闸门采用液压启闭机进行启闭。围区侧及外海侧检修闸门采用闸顶双向门式起重机进行启闭，北 1# 闸及北 2# 闸共用一台门式起重机。

北 2# 闸闸门及启闭设备如表 7.2 所示。北 2# 闸工作闸门如图 7.2 所示。

表 7.2　北 2# 闸闸门及启闭设备

单位：m

名　称	闸门型式	闸门/扇	孔口尺寸（宽×高）	设计水头	启闭机
工作闸门	潜孔式平面滑动钢闸门	6	8.0×4.5	8.0	QPPY Ⅰ型液压启闭机
外海侧检修闸门	潜孔式平面滑动钢闸门	1	8.0×5.5	8.0	MQ2×320 kN/2×125 kN 双向门式起重机
围区侧检修闸门	露顶式平面滑动钢闸门	1	8.0×6.0	6.0	MQ2×320 kN/2×125 kN 双向门式起重机

工作闸门面板布置外海侧，闸门主支承采用滑块，滑块材料为铜基镶嵌型自润滑材料，止水采用双向止水布置，闸门挡外海侧高水位时，主要利用闸门围区侧止水形成封闭圈；闸门在内河侧正常水位 2.50 m 且外海侧低水位时，主要利用闸门外海侧止水形成封闭圈，为保证此时的止水效果，闸门门叶适当抬高布置。止水材料为 SF6574，为延长止水的使用寿命，增设止水淋水装置。工作闸门门叶材料为 Q345B，门槽材料为耐海水腐蚀的合金铸铁，牌号为 STNi2Cr。闸门单扇重量为 36.8 吨，门槽单孔重量为 13.64 吨。工作闸门可候潮启闭，工作闸门的启闭设备采用 QPPY Ⅰ型液压启闭机，启闭机容量为 4×320 kN，工作行程为 5 m。

围区侧设检修闸门 1 道，6 孔挡潮排涝闸共用 1 扇检修闸门，门型、结构、材料与北 1# 闸围区侧检修闸门相同，单扇门重量为 13.1 吨，共 1 套；门槽材料为 STNi2Cr 合金铸铁，单孔重量为 4.24 吨，共 6 套。闸门静水启闭，采用 MQ2×320 kN/2×125 kN 双向门式起重机。

外海侧设检修闸门 1 道，6 孔闸共用 1 扇检修闸门，门型、结构与材料与北 1# 闸外海侧设检修闸门相同，闸门材料采用 Q345B，单扇门重量为 36.4 吨，共 1 套；门槽材料为 STNi2Cr 合金铸铁，单孔重量为 15.67 吨，共 6 套。闸门静水启闭，采用 MQ2×320 kN/2×125 kN 双向门式起重机。

图 7.2　北 2# 闸工作闸门

7.1.3　通航孔

通航孔设工作闸门 1 道，并在围区侧及外海侧各设置 1 道检修闸门。

北 2# 闸通航孔闸门及启闭设备如表 7.3 所示。通航孔工作闸门如图 7.3 所示。

表 7.3　北 2# 闸通航孔闸门及启闭设备

单位：m

名　称	闸门型式	闸门/扇	孔口尺寸（宽 × 高）	设计水头	启闭机
工作闸门	露顶式平面滑动钢闸门	1	16.0 × 9.0	9.0	TQ2 × 1000 kN–18 m 移动卷扬式启闭机
外海侧检修闸门	露顶式平面滑动钢闸门	1	16.0 × 9.0	9.0	TQ2 × 800 kN 移动卷扬式启闭机
围区侧检修闸门	露顶式平面滑动钢闸门	1	16.0 × 6.0	6.0	TQ2 × 630 kN 移动卷扬式启闭机

图 7.3　通航孔工作闸门

工作闸门面板布置外海侧，采用双向止水，止水材料为 SF6574。闸门材料采用 Q345B，单扇门重为 131.4 吨。工作闸门门槽材料采用 STNi2Cr 合金铸铁，单孔重量为 19 吨。通航孔工作闸门静水启闭，采用 TQ2 × 1000 kN–18 m 移动卷扬式启闭机。

通航孔围区侧检修闸门（见图 7.4）面板材料采用 Q345B，单扇门重为 46.3 吨，门槽材料为 STNi2Cr 合金铸铁，单孔重量为 9.7 吨。闸门静水启闭，采用 TQ2×630 kN 移动卷扬式启闭机进行操作。

通航孔外海侧闸门面板材料采用 Q345B，单扇门重为 128.4 吨，单扇门叶分 2 节，门槽材料为 STNi2Cr 合金铸铁，单孔重量为 17.8 吨。闸门静水启闭，采用 TQ2×800 kN 移动卷扬式启闭机进行操作。

图 7.4　通航孔围区侧检修闸门

7.1.4 东 1# 闸

东 1# 闸设工作闸门 3 道，并在围区侧及外海侧各设置 1 道检修闸门。

东 1# 闸通航孔闸门及启用设备如表 7.4 所示。东 1# 闸工作闸门如图 7.5 所示。

表 7.4 东 1# 闸通航孔闸门及启闭设备

单位：m

名　　称	闸门型式	闸门/扇	孔口尺寸（宽×高）	设计水头	启闭机
工作闸门	潜孔式平面滑动钢闸门	3	中间孔 8.0×8.5，两边孔 8.0×4.5	9.0	中间孔：QPPY Ⅰ -4×320 kN-6.0 m 液压启闭机 两边孔：QPPY Ⅰ -4×320 kN-5.0 m 液压启闭机
外海侧检修闸门	露顶式平面 滑动钢	1	8.0×9.0	9.0	MQ2×500 kN/2×125 kN 双向门式起重机
围区侧检修闸门	露顶式平面 滑动钢	1	8.0×6.0	6.0	MQ2×500 kN/2×125 kN 双向门式起重机

工作闸门采用钢结构，门型采用潜孔式平面滑动钢闸门，止水采用双向止水布置。工作闸门门叶材料为 Q345B，门槽材料为耐海水腐蚀的合金铸铁，牌号为 STNi2Cr。两边纳排孔工作闸门的启闭设备采用 QPPY Ⅰ -4×320 kN-6.0 m 液压启闭机。中间过闸孔工作闸门采用 QPPY Ⅰ -4×320 kN-5.0 m 液压启闭机控制闸门进行纳排操作，当应急通航和闸门或液压启闭机需要检修时通过堤顶门机进行操作。

围区侧检修闸门为整体门叶，采用滑块支承。闸门材料采用 Q345B，共 1 套；门槽材料为 STNi2Cr 合金铸铁，共 3 套。

外海侧检修闸门闸门材料采用 Q345B，共 1 套；门槽材料为 STNi2Cr 合金铸铁，共 3 套。闸门静水启闭，采用 MQ2×500 kN/2×125 kN 双向门式起重机进行操作。

图 7.5　东 1# 闸工作闸门

7.1.5　西河堤排涝闸

西河堤排涝闸为胸墙式水闸，每孔布置工作闸门 1 道，共 7 扇，外海侧各布置检修闸门 1 道。

西河堤排涝闸闸门及启闭设备如表 7.5 所示。

表 7.5　西河堤排涝闸闸门及启闭设备

单位：m

名　称	闸门型式	闸门 / 扇	孔口尺寸 （宽 × 高）	设计 水头	启闭机
工作闸门	C50 预应力混凝土平面闸门	7	6.0×4.0	5	2×400 kN 双吊点螺杆式启闭机
外海侧检修闸门	平面滑动钢闸门	1	6.0×5.0	5	TQ2×125 kN 移动卷扬式启闭机

名　称	闸门型式	闸门/扇	孔口尺寸 （宽 × 高）	设计 水头	启闭机
围区侧 检修闸门	平面滑动 钢闸门	1	6.0×5.0	5	TQ2×125 kN 移动卷扬式启闭机

工作闸门选用混凝土闸门，闸门的操作方式为动水启闭，采用 2 × 400 kN 闭式直推启闭机配合拉杆对闸门进行操作。

外海侧检修闸门门型选用平面滑动钢闸门，静水启闭，采用 TQ2 × 125 kN 移动卷扬式启闭机进行操作。

围区侧检修闸门门型选用平面滑动钢闸门，静水启闭，采用 TQ2 × 125 kN 移动卷扬式启闭机进行操作。

7.1.6　升降移动组合式活动钢桥

在通航孔一侧土建基础上沿道路纵向布置升降桥体及移动桥体，两者配合使用使整个活动钢桥移动至通航孔一侧，通车状态下活动钢桥桥面与连接道路桥面在同一高度。

单座钢桥跨度为 16 m，宽度为 26 m。钢桥由桥体、主塔、启闭设备、平衡机构及辅助设备等组成（见图 7.6）。

桥体主梁采用工字型截面焊接结构，主梁高度为 1.3 m；机动车及非机动车桥面铺装改性沥青混凝土面层，人行道面板铺装重量较轻的防滑橡胶板。单座钢桥的主塔共 2 座，设置在桥体两端，主塔结构为门字型式钢筋混凝土结构。主塔上放置启闭设备、检修行车及平衡机构的吊挂装置等。

启闭设备选用 QPG2 × 250 kN 固定卷扬式启闭机，桥体两端各布置 1 台。启闭机的制动装置共布置 2 套，主制动装置为电力液压块式制动器，布置在减速器的高速轴；安全制动装置为盘式制动器，布置在减速器的低速轴。

桥体两端的主塔上各设置一套平衡机构。每套平衡机构由平衡重、钢丝绳吊挂装置、平衡重导向装置、锁定装置、平衡重检修装置等组成。

图 7.6　活动钢桥

7.2　电气

7.2.1　北闸

北 1# 闸工作闸门 10 扇，每扇闸门配液压式启闭机 1 套（见图 7.7），启闭机配套电机功率为 2×37 kW（一用一备）；围区侧检修闸门 1 扇，外海侧检修闸门 1 扇。北 1# 闸、北 2# 闸检修闸门共用 1 套双向门式起重机（见图 7.8），起重机配套电机功率约 30 kW。

北 2# 闸工作闸门 6 扇，每扇闸门配液压式启闭机 1 套，启闭机配套电机功率为 2×37 kW（一用一备）；围区侧检修闸门 1 扇，外海侧检修闸门 1 扇。北 1# 闸、北 2# 闸检修闸门共用 1 套双向门式起重机，起重机配套电机功率约 30 kW。

图 7.7　北闸液压式启闭机

图 7.8　北闸门式启闭机

7.2.2　通航孔及活动桥

通航孔工作闸门 1 扇，配移动卷扬式启闭机 1 套（见图 7.9），配套电机功率为 $2 \times 30\text{ kW}$；通航孔围区侧检修闸门 1 扇，配移动卷扬式启闭机 1 套，配套电机功率为 $2 \times 16\text{ kW}$；通航孔外海侧检修闸门 1 扇，配移动卷扬式启闭机 1 套，配套电机功率为 $2 \times 22\text{ kW}$。

移动钢桥 2 座，每座钢桥平移部分配套电机功率为 $2 \times 30\text{ kW}$，升降部分液压启闭机配套电机功率为 90 kW。

图 7.9　移动卷扬式启闭机

7.2.3 东 1# 闸

东 1 # 闸工作闸门 3 扇，每扇闸门配直驱推杆式启闭机 1 套，启闭机配套电机功率为 2×22 kW；内河侧检修闸门 1 扇，外海侧检修闸门 1 扇，两扇闸门共用 1 套双向门式起重机，起重机配套电机功率为 2×11 kW。

7.2.4 西河堤排涝闸

西河堤排涝闸屋顶光伏发电站工程选用 160 块峰值功率为 210 W 的柔性电池组件，装机容量为 33.6 kW，光伏电池组年发电量约为 35562.76 kWh，可减少二氧化碳排放量 28.95 吨。西河堤排涝闸屋顶光伏发电站可以满足排涝闸日常运行维护所需电力供应，同时也能正常启闭螺杆启闭机，确保度汛排涝安全。

7.3 闸门制作新技术

7.3.1 钢闸门结构牺牲阳极防腐

（1）防腐材料

在热喷涂金属基层基础上，采用新型防腐涂料"聚天门冬氨酸酯聚脲面漆"。物理参数：灰色，体积固含 $70\% \pm 2\%$，比重 (1.40 ± 0.10) g/cm³，干膜 $60 \sim 120$ μm，湿膜 $85 \sim 170$ μm。

（2）牺牲阳极防腐工艺

金属结构防腐工艺采用表面清理、金属喷涂和涂料喷涂三步依次进行。金属结构采用热喷涂铝加长效防腐涂料封闭并结合阴极保护的防腐方案。金属热喷涂前进行表面喷（抛）射处理，基体金属表面清洁度等级不低于 GB/T 8923.1–2011《涂装前钢材表面锈蚀等级和除锈等级》中规定的 Sa2.5 级；现场安装焊缝区域防护涂层的局部修整以及无法进行喷（抛）射处理的场合，采用手工和动力除锈，其基体金属表面清洁度等级应达到 St3 级。表面粗糙度值在 Ry60 ~ 100 μm 的范围之内。

金属结构进行热金属喷涂或涂漆，喷涂材料及涂料型号、漆膜厚度等应符合表 7.6 的规定。

表 7.6　涂层系统明细表

涂层系统	涂料牌号及名称	漆膜总厚度 /μm
金属涂层	喷涂铝	160
封闭层	环氧富锌底漆	30
中间层	环氧云铁中间漆	120
面　层	天冬聚脲面漆	120

牺牲阳极材料采用铝合金，设计寿命为 5 年，定期测量保护电位。测量频度如下：在初期（安装后 1 ~ 2 年）和末期（接近设计寿命 2 ~ 3 年）至少每半年测量一次，在保护期其余时间每年测量一次，所测的阴极保护电位应该达到 –850 ~ –1100 mV（相对于 Cu/CuSO4 参比电极）。

7.3.2　门槽制作

（1）材料特性

瓯飞围垦工程门槽埋件材料采用了适应在海水中使用的合金铸铁 STNi2Cr，即在铸铁中加入 Ni、Cr、Si、Mn 等元素形成的低合金耐蚀铸铁。

（2）生产工艺

所有铸件采用消失模生产工艺制作（又名负压实型铸造），其工艺流程如下（见图 7.10 ~ 图 7.16）：

①采用聚苯乙烯泡沫（EPS）作为原材料，在制造好的金属模具中利用蒸汽发泡，或者利用已经发泡的聚苯乙烯泡沫材料进行加工，得到铸件的实体形状模具。

②在实体泡沫模具外表面涂刷消失模专用涂料，黏接浇注系统。

③干燥模具并放置到砂箱当中，将砂箱抽真空，同时将金属液浇注到砂箱当中，泡沫在金属液作用下裂解气化，得到所需铸件。

图 7.10 聚苯乙烯模具

图 7.11 模具外喷耐火涂料

图 7.12　模具放入填满干沙的沙箱中

图 7.13　门槽埋件浇注

图 7.14　清理和机械加工

图 7.15 部分门槽埋件

图 7.16　门槽组装

7.4　闸门及启闭机安装

7.4.1　闸门埋件

闸门埋件安装工艺流程（见图 7.17 ～ 图 7.20）：①门槽埋件安装前，对一、二期混凝土的结合面全部凿毛。②根据施工图纸，设置孔口中心、门槽中心、高程及里程测量控制点。③根据施工图纸及测量控制点进行测量、放样，并准确标记。④塔机吊装埋件，配合千斤顶、线锤、卷尺等调整底坎安装高程、中心、水平等，使其符合设计要求。底坎安装验收后先浇筑二期混凝土，养护完成后再进行主反轨安装。⑤门槽节间接头用金属胶封闭密封，表面平整，对埋件安装几何尺寸进行复测。⑥门槽安装加固完毕，进行二期混凝土浇筑。

图 7.17　东 1# 闸门槽埋件安装

图 7.18　东 1# 闸门槽加固

图 7.19 北 1# 闸门槽底槛安装

图 7.20 通航孔启闭机轨道埋板预埋

7.4.2 平面钢闸门

平面钢闸门安装工艺流程（见图 7.21 ~ 图 7.23）如下：

①根据施工图纸，复测孔口中心、高程、里程及埋件安装尺寸。

②根据施工图纸清点闸门的零部件数量，检查闸门零部件几何尺寸。

③北 1#、2# 闸挡潮排涝闸门安装。将闸门运输至门机下方，进行门叶的整体拼焊工作，门叶水封安装后利用门机吊放入槽。

④通航孔闸门安装。检修闸门门叶在门库孔口进行组焊，工作闸门装焊在北 2# 通航闸门库底完成，用汽车吊吊门叶入库。

⑤东 1# 闸门安装。门叶吊到底槛上进行拼装调整，门叶边梁吊到门库和空箱顶进行施焊，门叶水封安装后利用门机吊放入槽。

⑥西河堤闸门安装。检修闸门门叶在门库孔口进行组焊，用汽车吊吊门叶入库。

⑦水封安装。先装两侧水封和顶水封，再装底水封。侧水封和顶水封安装后利用门式启闭机将闸门吊起，安装底水封。

⑧无水调试。液压启闭机、移动卷扬式启闭机装好后，安装启门梁，使其与闸门连接，闸门在门槽内和启闭机进行无水调试，试验项目包括：无水情况下全行程启闭试验、设置闸门全开全关节点、四油缸同步试验等。

图 7.21 东 1# 闸门叶吊装

图 7.22　闸门焊接缝对接

图 7.23　焊缝第三方检测

7.4.3 四缸同步液压启闭机

四缸同步液压启闭机首次应用于浙江围垦工程，北 1# 闸和北 2# 闸共有 84 个油缸，采用陶瓷活塞杆结合举升式联合防腐。

（1）液压启闭机安装工艺流程

液压启闭机安装工艺流程如图 7.24 所示。

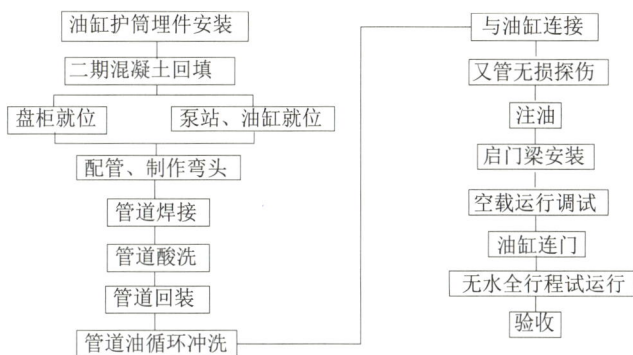

图 7.24　液压启闭机安装工艺流程

（2）护筒埋件安装

油缸护筒埋件与工作闸门门槽埋件同步安装，每套护筒埋件共 4 件。护筒埋件就位后，再根据已有的门槽及孔口中心，对护筒埋件的孔口中心线尺寸、门槽中心线尺寸等进行调整。护筒安装质量要求如表 7.7 所示。

表 7.7　护筒安装质量要求

序　号	检验项目	质量要求 /mm
1	对门槽中心线	（−1，+3）
2	对孔口中心线	±3
3	工作面（法兰面）平面度	2
4	工作面相对高差	5
5	护筒垂直度	±3

护筒埋件调整完毕后，使用 $\Phi18 \sim \Phi20$ mm 的加固筋将护筒埋件与一期锚筋进行加固。通过施工方的内部"三检"及监理方的终检后，进行二期混凝土的回填。

（3）油缸安装

每台液压启闭机有四只油缸，用门机进行油缸吊装就位，就位前需先将油缸护筒顶部封板割除并打磨多余的焊疤及混凝土，保证油缸护筒顶部法兰面的清洁。油缸就位后调整油缸法兰面，使其间距、对角线及高程符合设计规范要求，然后焊接油缸法兰和基础板间缝隙，最后安装油缸密封圈并进行焊缝清理防腐。

（4）启门梁及连杆安装

启门梁安装前将导轨板围区侧的缺口板安装焊接好，缺口对接缝焊接完成后，对焊缝进行打磨与防腐。启门梁及连杆需等工作闸门就位并调整完毕后方能进行安装，先将启门梁与连杆的上部穿轴连接，整体起吊后再将连杆下部与闸门穿轴连接。

（5）泵站及柜体安装

每套液压启闭机包含 1 台油压装置、3 个柜体（从左至右依次为阀组柜、控制柜、动力柜），以及液压泵站、插装阀组、油箱等。安装时进行清洗，安装调试后将地脚螺栓拧紧。液压站油箱在安装前检查其清洁度，所有的压力表、压力控制器、压力变送器等均须校验准确。液压启闭机电气控制及检测设备的安装符合施工图纸和制造厂提供的技术说明书的规定。电缆安装排列整齐，电气控制柜、操作台等电缆接线均从埋入混凝土内的钢管中通过。

液压管路系统安装后，再使用循环冲洗装置对管路进行油液循环冲洗，冲洗时间不少于 8 h。

（6）液压启闭机试运转

闸门在无水压力的情况下，进行启门和闭门工况的全行程往复动作试验 3 次，整定和调整好闸门开度传感器、位置限制开关及电液元件的设定值，检测电动机的电流、电压和油压的数据及全行程启闭的运行时间。

东 1# 闸、北闸液压启闭机的安装如图 7.25、图 7.26 所示。

图 7.25　东 1# 闸液压启闭机安装

图 7.26　北闸液压启闭机安装

7.4.4 门式启闭机

北 1# 闸门机 H 形支腿在北 1# 水闸左岸外海侧高程 −2 m 的地面进行拼装，上平台在围区侧地面上进行拼装。门机的行走机构、H 形支腿拼装使用 70 吨汽车吊，上平台和小车拼装完成后使用 20 吨汽车吊进行吊装就位，吊装时汽车吊停在左岸道路顶部。

（1）轨道安装

先在混凝土大梁上预埋门机轨道基础埋件，再按设计尺寸安装轨道，拧紧螺栓。轨道实际中心线与安装基准线的水平位置偏差不超过 2 mm，轨距偏差不超过 3 mm，轨道顶面的纵向倾斜度不大于 3/1000，在全行程上最高点与最低点之差不大于 10 mm。同跨两平行轨道在同一截面内的标高相对差不大于 5 mm。

（2）行走机构与下横梁安装

将下横梁与行走机构用螺栓连接紧固成整体后整体吊装，用全站仪或经纬仪、水准仪进行检测调整，保证大车行走机构车轮轮槽中心线与轨道中心线对齐且行走机构与下横梁安装的垂直偏斜 ≤ $H/2000$。

（3）门架安装

用汽车吊配合将门机的单侧的两只门腿与中横梁组装成 H 形门腿，用汽车吊起吊 H 形门腿，并与下横梁组合（螺栓连接）。在围区侧地面完成上部结构的拼装（包括 2 根主梁及中间 3 根连系梁），拼装完成后使用 260 吨汽车吊进行整体吊装，调整上部结构的相关安装尺寸后，将上部结构与门腿进行连接，该门机上部结构与门腿连接采用高强螺栓进行连接。

（4）门机钢丝绳、滑轮组安装

检查主、副起升卷筒运转正常后进行钢丝绳及滑轮安装，根据设计钢丝绳缠绕示意图进行安装，钢丝绳安装前应在地面上铺上彩条布，以免粘上砂石磨损滑轮。安装主副起升液压抓梁，连接电缆，安装后应和门叶进行穿销试验。

（5）其余附件的安装

门机的楼梯、启闭机房、夹轨器、缓冲装置、限位器等附件，均应在整个门机框架完成后逐一安装。

（6）调　试

电气设备安装后对门机进行调试，分别进行空载试运转，额定负荷 75%、100%、125% 进行静负荷试验，1.1 倍额定运行动负荷进行升降和往返走行试验，各机构应动作灵敏，工作平稳可靠，行程限制装置、安全保护联锁装置应动作正确可靠。

东 1# 闸和北闸门式启闭机安装如图 7.27、图 7.28 所示，北闸启门梁安装如图 7.29 所示。

图 7.27　东 1# 闸门式启闭机安装

图 7.28　北闸门式启闭机安装

图 7.29　北闸启门梁安装

7.4.5 移动卷扬式启闭机

移动卷扬式启闭机安装采用 120 吨汽车吊吊装，如图 7.30 所示。其安装程序包括：轨道安装→台车安装调试→电气安装。以下主要介绍轨道安装和台车安装调试。

（1）轨道安装

先在混凝土大梁上预埋门机轨道基础埋件，再按设计尺寸安装轨道。轨道实际中心线与安装基准线的水平位置偏差不超过 2 mm，轨距偏差不超过 3 mm，轨道顶面的纵向倾斜度不大于 3/1000，在全行程上最高点与最低点之差不大于 10 mm。同跨两平行轨道在同一截面内的标高相对差不大于 5 mm。轨道调整完毕，浇筑二期混凝土。

（2）台车安装调试

移动卷扬式启闭机机架分为两个部分，中间用轴连接，在制造厂预装后分件到货，用吊机将台车吊到轨道上，安装中间轴，再安装台车电气盘柜和滑线、电缆支架，接上临时电源缠绕钢丝绳，钢丝绳的裁截长度以能吊到极限位置时卷筒上还有 3 ~ 5 圈为准。

移动卷扬式启闭机安装完成、减速器注油后进行动作试验，设置左右限位和起升限位。调试好后和闸门连接进行联动试验。

图 7.30　移动式启闭机吊装

7.4.6　螺杆启闭机

螺杆启闭机安装程序包括：①利用汽车吊将螺杆通过螺杆孔吊至与闸门连接处。②启闭机与螺杆连接至合适位置后，通过手动调整螺杆高度并将螺杆与闸门连接，全部连接完成后，进行启闭机与机座螺栓固定并调整、校正。③安装启闭机电气设备。

7.5　液压启闭机安全监控系统

7.5.1　技术要求

瓯飞一期围垦工程（北片）水闸闸门采用四液压缸驱动的平面闸门。多缸驱动的闸门在启闭闸门过程中如果同步误差较大，会造成钢闸门的卡阻、侧水封磨损、钢闸门漏水以及门槽轨道变形等，影响启闭机正常工作，甚至引发灾难性的事故。因此，从安全性及可靠性出发，多缸同步成为闸门液压启闭机控制的第一性能要求。

7.5.2　同步控制

本工程水闸由四个油缸共同驱动，对同步要求高。因此采用主从跟随控制方式，即在闸门启闭运行中将 1# 油缸设为主油缸，其余三个跟随主油缸运行。油缸行程检测装置实时采集各油缸开度，并经信号转换模块转换后反馈到控制单元，控制单元对开度差值进行运算后，输出模拟量信号控制电液比例调速阀，比例阀根据接收到的信号大小，对其对应的油缸进油量进行调整，完成对油缸速度的调整。系统如此反复地对闸门同步进行修正，实现对闸门同步的闭环控制。

7.5.3　系统配置

（1）可编程控制器

选用可编程控制器作为同步控制系统的核心控制单元。本系统采用NA400 系列 PLC（见图 7.31），CPU 采用 CPU401-040。

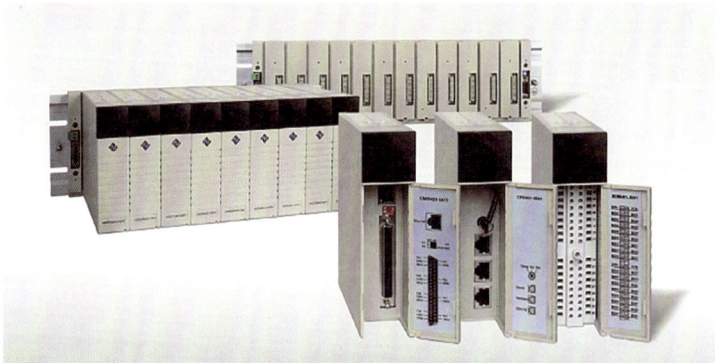

图 7.31　NA400 系列 PLC

CPU401-040 具有很多特点，其中包括：处理速度快，可靠性高；带有两个内置的 RS232 通信接口，用于用户程序下载和调试、与其他设备进行通信等；支持浮点运算；自带实时时钟，用于记录当前时间和对过程进行时间控制；具有 Watchdog 功能，故障情况下能够自动复位并重新启动，支持热插拔；带掉电保护；具有超大的 32 M 程序存储空间；自带 2 个以太网口，可以直接接上位机系统；组成双环网。

（2）触摸屏

根据水利水电工程液压启闭机的特点，每一个现地控制单元具有相对控制独立性，能够通过人机界面设定或修改被控参数，实时显示设备工作状态、运行时间、运行次数以及系统故障信息。人机界面除了采用必要的指示灯、按钮外，还采用与 PLC 配套的液晶显示器来显示、设置以及查询控制系统设备的数据（如闸门开度、系统油压力、油箱内油温油位等）、参数和状态信息，其功能完善、界面友好，便于维护，可以减少过多的指示灯，使控制屏操作面板更简洁明。

液晶显示器与 PLC 采用通信连接，其主要功能及特点如下：牢固的塑料外壳，前面板具有 IP65 防护等级；通过画面编辑软件，可非常方便地编辑出图形、棒图、数字、中文文字以及指示灯、按钮等；通过触摸屏可对参数进行设置和修改，也可定义起、停操作控制键；提供密码保护功能，对重要参数的修改可设定密码权限；背光 LCD 液晶显示，即使在逆光的情况下也能看清显示；10″ 彩色显示画面，页面直观清晰，存储容量大；可设定实时时钟；可显示故障及事件发生的实时时间。

触摸屏画面采用三维画面仿真闸门、液压系统的运行状态，可以将现场设备的运行状态直观地反映给操作人员。当系统出现故障报警时，报警信息会实时显示在触屏中，便于系统的检修及维护。

闸门状态、监视页面、液压系统状态监视页面如图 7.32、图 7.33 所示。

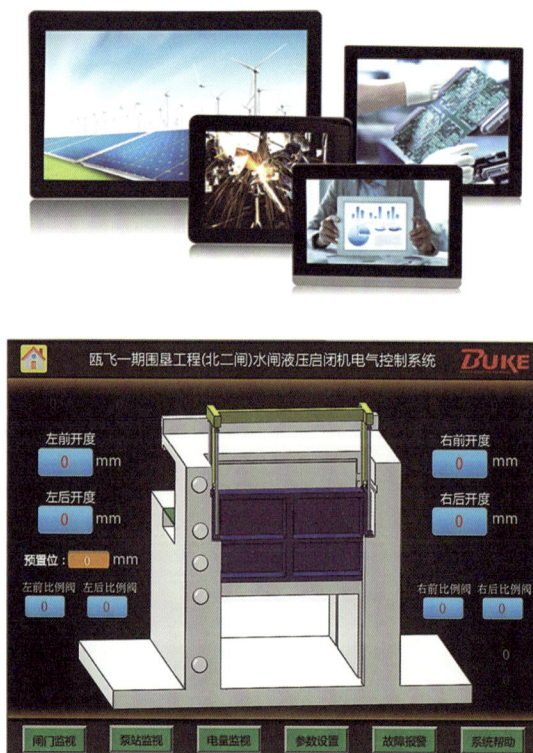

图 7.32　闸门状态监视页面

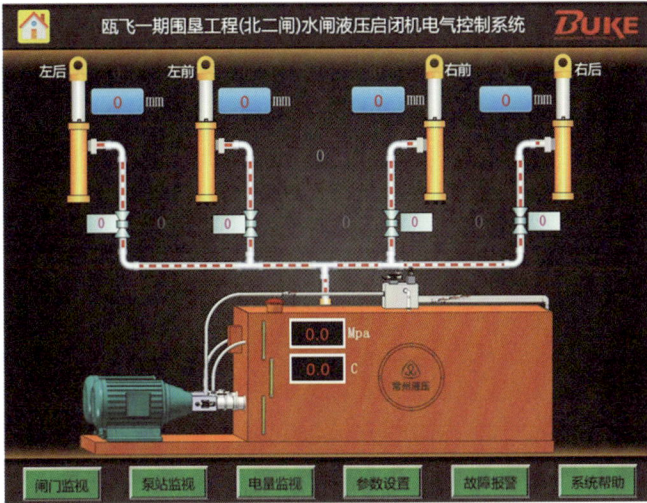

图 7.33 液压系统状态监视页面

（3）行程检测装置

油缸行程检测装置采用的是陶瓷活塞杆专用的 CIMS 脉冲传感器（见图 7.34），该传感器内部元件完全处于密封的外壳内，并且该传感器的安装位置位于油缸头部的安装孔内，完全不会受到海水的腐蚀。对活塞杆的测量精度高达 1 mm，为闸门的四只油缸同步运行提供了基本保障。

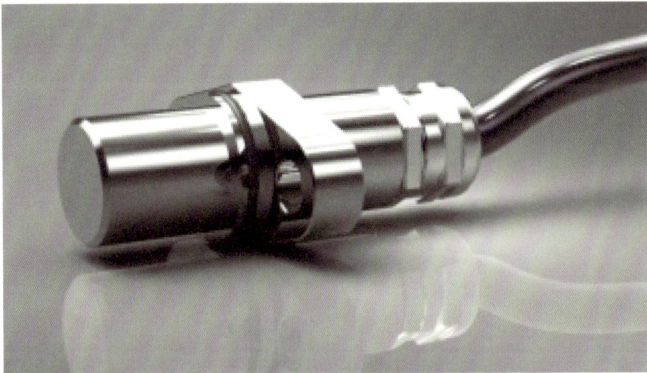

图 7.34 陶瓷活塞杆专用传感器

后记

温州市瓯飞一期围垦工程（北片）建设，全面落实了"生态围垦、科学用海、打造国家海洋经济示范区的系统工程"的定位，是推进系统治水、建设美丽浙南水乡的示范工程，同时也是功在当代、利在千秋、福泽子孙后代的民生工程。工程建成后，不仅可以有效缓解温州土地资源紧缺状况，更可以使温州从"瓯江时代"驶向"东海时代"。

瓯飞一期围垦工程（北片）建设形成的 23 km 大堤横贯城市东部，北堤采用 100 年一遇防洪（潮）设计标准；东堤采用 50 年一遇防洪（潮）设计标准，与现有海塘形成多道海塘联合防御洪（潮）的工程体系，形成与产业相适应的防洪抗台工程闭合圈，提升区域综合防洪抗台能力，工程建成至今，经历了多次强台风考验，保障了 164 km² 区域内人口及耕地的防潮安全。

瓯飞一期围区生产配套区新增农业用地于 2019 年引入正泰新能源进行 150 MW 农光互补光伏发电项目，投资规模 10.5 亿元，年均发电量 1.5 亿 kWh，于 2020 年实现并网发电。瓯飞一期北片 1# 围区于 2020 年引入省"152工程"550 兆瓦渔光互补光伏发电项目，投资规模 24.5 亿元，已实现并网发电，年均发电量 6 亿 kWh。这两个项目的实施大幅度优化了区域电力能源结构，促进了能源、经济与环境的可持续发展，同时农光、渔光互补模式的开发，进一步提高了瓯飞围区土地和海域利用效率。

工程建成后，44.3 km² 区域谋划打造军民融合、水上文化旅游、生态海洋牧场"三大产业"片区，合计投资突破百亿元。军民融合项目主动对接"国家海洋经济发展示范区""海域综合管理创新试点城市"等"海洋强国"战略，紧抓国家围填海历史遗留问题处理的突破口，努力走出用海审批新路径。水上文化旅游项目打造智慧生态海塘提升、瓯越文化体验、海滨休闲娱乐、温商自贸、高端旅游服务五大板块为一体的世界一流滨海休闲旅游度假胜地。生态海洋牧场以智能化高质量养殖为导向，以修复水域生态环境为目标，加快推进渔业转型升级。通过建设现代化海洋牧场，延伸拓展产业链条，不断提升附加值，加快实现由传统的"规模数量型"向"质量效益型"转变，推动海洋渔业高质量发展。